CIP-Titelaufnahme der Deutschen Bibliothek

Umweltgüte und Raumentwicklung / Akad. für
Raumforschung u. Landesplanung.-
Hannover: ARL, 1988
  (Forschungs- und Sitzungsberichte / Akademie
   für Raumforschung und Landesplanung; Bd. 179)
  ISBN 3-88838-005-7
NE: Akademie für Raumforschung und Landesplanung
(Hannover): Forschungs- und Sitzungsberichte

FORSCHUNGS- UND
SITZUNGSBERICHTE 179

Umweltgüte und Raumentwicklung

AKADEMIE FÜR RAUMFORSCHUNG UND LANDESPLANUNG

Zu den Autoren dieses Bandes

Ulrich Brösse, Dr.rer.pol., Professor, Institut für Wirtschaftswissenschaften, Rheinisch-Westfälische Technische Hochschule Aachen, Ordentliches Mitglied der Akademie für Raumforschung und Landesplanung

Heinrich Lowinski, Dr.rer.pol., Ltd. Ministerialrat im Ministerium für Umwelt, Raumordnung und Landwirtschaft des Landes Nordrhein-Westfalen, Abt. VI "Raumordnung und Landesplanung", Düsseldorf, Ordentliches Mitglied der Akademie für Raumforschung und Landesplanung

Lothar Finke, Dr.rer.nat., Professor, Fachbereich Raumplanung, Fachgebiet Landschaftsökologie und Landschaftsplanung, Universität Dortmund, Ordentliches Mitglied der Akademie für Raumforschung und Landesplanung

Günther Steffen, Dr.agr., Professor, Direktor des Instituts für landwirtschaftliche Betriebslehre, Universität Bonn, Korrespondierendes Mitglied der Akademie für Raumforschung und Landesplanung

Gert Saurenhaus, Abteilungsdirektor beim Regierungspräsidenten Arnsberg

Albert Schmidt, Dipl.-Ing, Professor, Präsident der Landesanstalt für Ökologie, Landschaftsentwicklung und Forstplanung Nordrhein-Westfalen, Recklinghausen, Ordentliches Mitglied der Akademie für Raumforschung und Landesplanung

Karsten Falk, Dipl.-Geogr., Oberregierungsrat, Leiter des Fachgebietes "Planungsgrundlagen: Klima, Boden, Stadtökologie" in der Landesanstalt für Ökologie, Landschaftsentwicklung und Forstplanung Nordrhein-Westfalen, Recklinghausen

Klaus R. Kunzmann, Dr.techn., Professor, Leiter des Instituts für Raumplanung an der Universität Dortmund

Helmut Karl, Dr., Seminar für Wirtschafts- und Finanzpolitik, Ruhr Universität Bochum

Paul Klemmer, Dr.rer.pol., Professor, Seminar für Wirtschafts- und Finanzpolitik, Ruhr-Universiät Bochum, Ordentliches Mitglied der Akademie für Raumforschung und Landesplanung

Best.-Nr. 005
ISBN-3-88838-005-7
ISSN 0935-0780

Alle Rechte vorbehalten - Verlag der ARL - Hannover 1988
© Akademie für Raumforschung und Landesplanung Hannover
Druck: poppdruck, 3012 Langenhagen
Auslieferung
VSB-Verlagsservice Braunschweig

INHALTSVERZEICHNIS

Ulrich Brösse Aachen	Einführung	1
Heinrich Lowinski Düsseldorf	Umweltpolitische Schwerpunkte bei der Fortschreibung des Landesentwicklungsprogramms Nordrhein-Westfalen von 1974	7
Lothar Finke Dortmund	Umweltgüteziele in der Regionalplanung - dargestellt am Beispiel der Nordwanderung des Steinkohlenbergbaus	13
Günther Steffen Bonn	Agrar- und umweltpolitische Rahmenbedingungen und ihr Einfluß auf die Landnutzung in Räumen und Betrieben	35
Gert Saurenhaus Arnsberg	Stillegung landwirtschaftlicher Flächen aus der Sicht der Regionalplanung - Ein Problemaufriß .	59
Albert Schmidt Karsten Falk Recklinghausen	Überlegungen für ein Konzept zur Erhebung, Bewertung und Umsetzung ökologischer Grundlagen in einem stadtökologischer Beitrag	73
Klaus K. Kunzmann Dortmund	Ökologisch "orientierte" Raumplanung - Ein Ansatz für die Regionalentwicklung in der Dritten Welt	105
Helmut Karl Paul Klemmer Bochum	Gewässergüteindikatoren der Raumplanung - Nutzwertanalysen als Grundlagen für die Bestimmung von Güteindikatoren	125
Ulrich Brösse Aachen	Instrumente und Maßnahmen zum Schutz und zur Nutzung der Wasserressourcen und die Bedeutung dieser Instrumente und Maßnahmen für die Regionalentwicklung und für die Raumordnung	157

Einführung

von
Ulrich Brösse, Aachen

Zu den Aufgaben der Landesarbeitsgemeinschaften der Akademie für Raumforschung und Landesplanung gehört u.a. die Untersuchung spezifischer Probleme des räumlichen Wirkungsbereichs der jeweiligen Landesarbeitsgemeinschaft. Es ist daher verständlich, wenn sich in den Veröffentlichungen spezifische und aktuelle Fragen der jeweiligen Landesentwicklungspolitik widerspiegeln. Das wird auch an den Publikationen deutlich, die bislang im Rahmen der Tätigkeit der Landesarbeitsgemeinschaft Nordrhein-Westfalen entstanden sind.

Die Landesarbeitsgemeinschaft Nordrhein-Westfalen wurde im April 1969 gegründet, so daß auf eine fast 20-jährige Arbeit zurückgeschaut werden kann. Die in den 60er Jahren wachsende Erkenntnis, daß der räumlichen Dimension menschlicher Aktivitäten vermehrt Beachtung geschenkt werden müsse, schlägt sich nieder in der Thematik des ersten Veröffentlichungsbandes "Theorie und Praxis bei der Abgrenzung von Planungsräumen - dargestellt am Beispiel Nordrhein-Westfalen" aus dem Jahre 1972 unter dem Vorsitz von N. Ley. Bis heute hat das Regionalisierungsproblem seine Bedeutung nicht verloren und erhält heute teils neue Dimensionen durch die Notwendigkeit, Lösungen beispielsweise für die Abstimmung von hydrologischen und Raumordnungsregionen zu finden.

Die starke Hinwendung zur Raumeinheit Region und ihren spezifischen Problemen ließ aber auch schnell als Gegenreaktion den Ruf nach einer angemessenen Berücksichtigung der Erfordernisse des Gesamtraumes und der Stellung der Region im Gesamtraum laut werden. Die Antwort hierauf sind die unterschiedlichen Konzepte einer funktionsräumlichen Arbeitsteilung, die die raumordnungspolitische Diskussion der 70er Jahre stark beherrschen. Bereits 1975 brachte die Landesarbeitsgemeinschaft Nordrhein-Westfalen unter dem Vorsitz von E. Otremba ihren zweiten Veröffentlichungsband mit dem Titel "Voraussetzungen und Auswirkungen landesplanerischer Funktionszuweisungen" heraus, in dem die Thematik teils theoretisch und grundsätzlich, teil pragmatisch und praxisnah angegangen wird.

Der dritte Veröffentlichungsband in der Reihe der Forschungs- und Sitzungsberichte der Akademie für Raumforschung und Landesplanung aus dem Jahre 1981 unter dem Vorsitz von P. Schöller behandelt "Tendenzen und Probleme der Entwicklung von Bevölkerung, Siedlungszentralität und Infrastruktur in Nordrhein-Westfalen". Er greift aktuelle Fragen auf, die besonders auch die praktische Landes- und Regionalplanung beschäftigen und sich teilweise in deren Plänen niederschlagen. Auch diese Themen haben bis heute kaum an Relevanz verloren, lediglich die Problemsicht ändert sich.

Die Reihe der Berichte über die Arbeitsergebnisse wird 1985 unter dem Vorsitz von A. Bloch fortgesetzt mit dem Sammelband "Funktionsräumliche Arbeitsteilung und ausgeglichene Funktionsräume in Nordrhein-Westfalen". Der Stand des Wissens um die Möglichkeiten und Grenzen einer funktionsräumlichen Arbeitsteilung ist gegenüber 1975 wesentlich verbessert, so daß auch die diesbezüglichen Einzelbeiträge inzwischen zum Teil sehr spezielle Themen behandeln. Erstmals werden in diesem Zusammenhang auch Umweltprobleme näher angesprochen.

Neben diesen vier Veröffentlichungsbänden in der Reihe der Forschungs- und Sitzungsberichte wurden weitere Ergebnisse der Forschungsarbeiten der Mitglieder der Landesarbeitsgemeinschaft NW in den "Beiträgen" und "Arbeitsmaterialien" der Akademie für Raumforschung und Landesplanung veröffentlicht.

Die Umweltproblematik bestimmt die Forschungsarbeit in den Jahren 1984 - 1988. Schwerpunkte der vorliegenden Publikation bilden dementsprechend Umweltgüteaspekte in ihren räumlichen Bezügen. Sie sind das Ergebnis einer intensiven Auseinandersetzung auf den Sitzungen mit ausgewählten Problemen einer ökologisch orientierten Raumentwicklung.

Im Rahmen einer ökologisch orientierten Raumentwicklung in Nordrhein-Westfalen kommt dem Landesentwicklungsprogramm NW zentrale Bedeutung zu. Denn seine Aufgabe ist es, allgemeine Ziele für die Raumentwicklung vorzugeben, an die alle öffentlichen Träger raumbedeutsamer Planungen und Maßnahmen gebunden sind. Raumordnungspolitische Ziele können jedoch aufgrund sich ändernder Entwicklungsbedingungen keinen Anspruch auf "ewige" Gültigkeit erheben, sondern bedürfen einer ständigen Überprüfung und ggf. Fortschreibung. Dies verdeutlicht der einleitende Beitrag von H. Lowinski zum Thema "Umweltpolitische Schwerpunkte bei der Fortschreibung des Landesentwicklungsprogramms Nordrhein-Westfalen". Nach den Erläuterungen zur Aufgabenstellung des Landesentwicklungsprogramms folgt die Darlegung veränderter ökologischer demographischer, wirtschaftsstruktureller und technologischer Rahmenbedingungen. Diese haben zur landespolitischen Forderung nach einer ökologischen und ökonomischen Erneuerung Nordrhein-Westfalens geführt, zu deren Verwirklichung auch die von der Landesregierung vorgeschlagene Novellierung des Landesentwicklungsprogramms beitragen soll. Anschließend werden insbesondere die für eine ökologisch orientierte Raumentwicklung wesentlichen Schwerpunkte der Überprüfung und Fortschreibung des Landesentwicklungsprogramms erörtert. Den Beitrag schließen Ausführungen über den Stand der Novellierung ab.

Die stärkere Berücksichtigung ökologischer Belange bei Abwägungs- und Entscheidungsprozessen im Rahmen räumlicher Planungen bedarf konkreter Umweltgüteziele, mittels derer Zielkonflikte erst sichtbar gemacht bzw. Auswirkungen ökonomischer Nutzungsansprüche auf die Umwelt beurteilt werden können. Mit dieser Thematik beschäftigt sich der Beitrag von L. Finke "Umweltgüteziele in der Regionalplanung, dargestellt am Beispiel der Nordwanderung des Steinkohlenbergbaus". Der Beitrag knüpft an das "Gesamtkonzept zur Nordwanderung des Steinkohlenbergbaus an der Ruhr" der nordrhein-westfälischen Landesregierung an und setzt sich speziell mit den Umweltgüstezielen und der neuen Planungsmethodik gemäß dem Gesamtkonzept auseinander, mit der eine detaillierte Prüfung der zu erwartenden Auswirkungen der Nordwanderung der Kohle auf Raumstruktur und Umwelt vorgesehen ist. Anschließend werden eigene Vorstellungen des Verfassers zur Prüfung der Raum- und Umweltverträglichkeit im Rahmen der Regionalplanung dargelegt. Es wird herausgestellt, daß nur auf der Basis einer detaillierten Bestandsaufnahme ökologischer Funktionen konkrete Umweltgüteziele und damit Beurteilungskriterien für Umweltauswirkungen geplanter Maßnahmen erarbeitet werden können. Zugleich wird unabhängig vom Problem der Nordwanderung vorgeschlagen, im Gebietsentwicklungplan die ökologischen Funktionen entsprechend ihrer unterschiedlichen Schutzbedürftigkeit mit unterschiedlichen Beachtenspflichten darzustellen.

Eine ökologisch orientierte Raumplanung benötigt Informationen über die Auswirkungen zukünftiger agrar- und umweltpolitischer Maßnahmen auf Räume und landwirtschaftliche Betriebe. Von dieser Feststellung geht G. Steffen in seinem Beitrag "Agrar- und umweltpolitische Rahmenbedingungen und ihr Einfluß auf die Landnutzung in Räumen und Betrieben" aus. Er systematisiert und erörtert zunächst die in der agrarpolitischen Diskussion befindlichen Maßnahmen zur Umwelt- und Marktentlastung. Danach folgt die Erläuterung der Zusammenhänge zwischen Raum- und einzelbetrieblicher Planung als Grundlage für die Beurteilung agrar- und umweltpolitischer Maßnahmen. Besonderes Interesse gilt der Politikmaßnahme der Extensivierung der landwirtschaftlichen Nutzung. Hieran schließt sich eine nach Raumtypen differenzierte Untersuchung der Einflußnahme agrar- und umweltpolitischer Maßnahmen auf die Landnutzung an. Abschließend zeigt der Verfasser die raumplanerischen Konsequenzen auf, die sich aus den dargelegten Auswirkungen der Politikmaßnahmen auf die Entwicklung ländlicher Räume ergeben.

Im nächsten Beitrag "Stillegung landwirtschaftlicher Flächen aus der Sicht der Regionalplanung" erörtert G. Saurenhaus den Steuerungsbedarf und die Steuerungsmöglichkeiten der Regionalplanung hinsichtlich des Freifalls landwirtschaftlicher Flächen. In seinen Ausführungen zur quantitativen Entwicklung landwirtschaftlicher Flächen wird betont, daß nicht nur die u.U. erhebliche Größenordnung des Freifalls infolge von Flächenstillegungsprogrammen regionalplanerische Probleme aufwirft, sondern gerade auch die zu erwartende räumliche Konzentration des Brachflächenanfalls auf sog. Grenzstandorte. Im Hinblick auf die strukturelle, wirtschaftliche und landschaftspflegerische Bedeutung der

Landwirtschaft wird die Notwendigkeit herausgestellt, daß die Regionalplanung auf eine Minimierung der Flächenstillegung und zugleich auf eine Extensivierung der landwirtschaftlichen Nutzung hinwirken sollte. Hieran schließt sich die Erörterung möglicher Nachfolgenutzungen freigefallener landwirtschaftlicher Flächen an, und es werden die Möglichkeiten einer regionalplanerischen Steuerung der Nachfolgenutzungen aufgezeigt.

Trotz hoher Belastungen des Naturhaushalts im städtischen Raum werden Fragen der Stadtökologie bislang kaum erörtert. Dies veranlaßt A. Schmidt und K. Falk zu "Überlegungen für ein Konzept zur Erhebung, Bewertung und Umsetzung ökologischer Grundlagen in einen stadtökologischen Beitrag". Der Beitrag erörtert zunächst den notwendigen Inhalt einer stadtökologischen Untersuchung, deren Aufgabe es ist, die ökologischen Faktoren und Belastungsfaktoren einer Stadt in ihren Wirkungen und gegenseitigen Abhängigkeiten zu erfassen. Die gewonnenen Erhebungsergebnisse müssen analysiert und bewertet werden, um der Stadtplanung Handlungsempfehlungen zur Verbesserung der ökologischen Situation geben zu können. Nach der Diskussion grundlegender Bewertungsprobleme stadtökologischer Erhebungsergebnisse wird dann dargelegt, welche Methoden und Hilfsmittel für die Bewertung der einzelnen ökologischen Faktoren und Belastungsfaktoren angewandt werden können. Schließlich zeigen die beiden Verfasser auf, wie die Vielzahl der gewonnenen und bewerteten Informationen in einem stadtökologischen Beitrag zusammengefaßt werden können. Der stadtökologische Beitrag ist als Vorgabe für die Bauleitplanung gedacht und soll insbesondere den Handlungsbedarf aufzeigen und Handlungsempfehlungen für die Verbesserung der ökologischen Situation einer Stadt geben.

Mit der Frage, inwieweit sich die ökologisch orientierte Raumplanung für die Regionalentwicklung der Dritten Welt nutzen läßt, befaßt sich K. R. Kunzmann in seinem Beitrag "Ökologisch orientierte Raumplanung, ein Ansatz für die Regionalentwicklung in der Dritten Welt?". Der kritischen Hinterfragung des Begriffs der ökologisch orientierten Raumplanung folgt die Erläuterung derjenigen gesellschaftlichen Gegebenheiten in der Bundesrepublik Deutschland, die eine ökologische Orientierung der Raumplanung erst ermöglichen. Vor dem Hintergrund der Realität von Raumentwicklung und Raumplanung in den Entwicklungsländern zeigt der Verfasser, daß die Voraussetzungen für eine ökologische Orientierung in der Dritten Welt noch kaum gegeben sind. Als Konsequenz daraus werden die wesentlichen Instrumente des Transfers einer ökologisch orientierten Raumplanung in die Dritte Welt dargelegt und die diesbezüglichen Defizite aufgezeigt. Insbesondere werden Ansatzpunkte und mögliche Maßnahmen im Rahmen der entwicklungspolitischen Zusammenarbeit erläutert.

Die letzten Beiträge sind der Umweltressource Wasser gewidmet. Die Reinhaltung der Gewässer ist seit jeher wichtiges Ziel und Aufgabe der Raumplanung. Die Erfüllung dieser Aufgabe setzt jedoch die Entwicklung von Indikatoren zur

Beurteilung des Gewässerzustandes voraus. Hierfür erarbeiten H. Karl und P. Klemmer unter dem Thema "Gewässergüteindikatoren der Raumplanung - Nutzwertanalysen als Grundlage für die Bestimmung von Güteindikatoren" die theoretischen und methodischen Grundlagen. Ihre Überlegungen basieren darauf, daß die Gewässergüte nur in bezug auf Nutzungsinteressen an Gewässerfunktionen beschrieben werden kann. Während eine Reihe von heute genormten Güteindikatoren den Gewässerzustand nur vor dem Hintergrund eines ganz bestimmten Nutzungsinteresses beurteilt, zielt der von den Verfassern vorgeschlagene methodische Ansatz querschnittsorientierter Güteindikatoren auf die Erhaltung der Polyvalenz von Gewässern ab. Nach der Darstellung spezieller Güteindikatoren folgt die vorrangig ökonomische Begründung für Querschnittsindikatoren und -grenzwerte. Ihr schließen sich die Erörterung des Auswahlproblems und die kritische Auseinandersetzung mit bereits angewandten querschnittsorientierten Güteindikatoren an. Zum Schluß werden Überlegungen und Vorschläge zur Regionalisierung von Gewässergüteindikatoren dargelegt.

Die wissenschaftliche Diskussion von Instrumenten und Maßnahmen zum Schutz und zur Nutzung der Wasserressourcen wird vorrangig mit Blick auf umweltpolitische und spezifisch wasserwirtschaftliche Ziele geführt. Demgegenüber bleibt die Frage nach den Wirkungen dieser Instrumente und Maßnahmen für die Regionalentwicklung und Raumordnung weitgehend offen. Diese Lücke will U. Brösse mit seinem Beitrag "Instrumente und Maßnahmen zum Schutz und zur Nutzung der Wasserressourcen und die Bedeutung dieser Instrumente und Maßnahmen für die Regionalentwicklung und Raumordnung" schließen. Zur besseren Übersicht werden die Maßnahmen der derzeit geltenden Vorschriften in der Bundesrepublik Deutschland und die in der Literatur vorgeschlagenen Instrumente zum Schutz und zur Nutzung der Wasserressourcen zunächst systematisiert. Anschließend werden die Instrumente und Maßnahmen der jeweiligen Instrumentenkategorie kurz erläutert, worauf dann die Analyse der regionalpolitischen und raumordnungspolitischen Wirkungen folgt. Hier werden spezielle Wirkungszusammenhänge zwischen dem administrativen System der staatlichen Genehmigungen und Grenzwerte für die Wasserbewirtschaftung, den ökonomisch orientierten Instrumenten, wie z.B. Abgaben und Wasserzins, den mehr pragmatischen Instrumenten, wie z.B. dem Wasserpfennig, und der Regionalentwicklung untersucht.

Weitere Forschungsergebnisse sind bereits als Band 103 in den "Arbeitsmaterialien" und als Band 102 in den "Beiträgen" der Akademie für Raumforschung und Landesplanung veröffentlicht worden. Dort befassen sich A. Schmidt mit dem "Feuchtwiesenprogramm Nordrhein-Westfalen", A. Schmidt und W. Rembierz mit den "Möglichkeiten einer Verfeinerung ökologischer Ziele im Rahmen der Regionalplanung" und L. Finke mit dem Thema "Ökologie, Naturhaushalt, Landschaftshaushalt - Versuch einer terminologischen und inhaltlichen Klärung wichtiger Begriffe". U. Brösse untersucht in einer etwas ausführlicheren Studie den "Wasserzins als Instrument der Raumordnungspolitik und der Umweltpolitik - Theoretische und empirische Untersuchungen zur möglichen raumordnungspolitischen und umweltpolitischen Bedeutung eines Wasserzinses".

Umweltpolitische Schwerpunkte bei der Fortschreibung des Landesentwicklungsprogramms Nordrhein-Westfalen von 1974

von
Heinrich Lowinski, Düsseldorf

Gliederung

1. Aufgabenstellung des Landesplanungsgesetzes

2. Neue Entwicklungstendenzen, veränderte Rahmenbedingungen und Wertvorstellungen

3. Erarbeitung eines Gesetzes zur Änderung des Gesetzes zur Landesntwicklung (Landesentwicklungsprogramm)

1. Aufgabenstellung des Landesplanungsgesetzes

In Nordrhein-Westfalen wird das Landesentwicklungsprogramm bekanntlich als Gesetz beschlossen. Gemäß § 12 des Landesplanungsgesetzes enthält es "Grundsätze und Allgemeine Ziele der Raumordnung und Landesplanung für die Gesamtentwicklung des Landes und für alle raumbedeutsamen Planungen und Maßnahmen einschließlich der raumwirksamen Investitionen. Die Landesplanungsbehörde hat im Erarbeitungsverfahren die Gemeinden und Gemeindeverbände, für die eine Anpassungspflicht begründet werden soll, oder deren Zusammenschlüsse zu beteiligen."

Das erste Landesentwicklungsprogramm aus dem Jahre 1964 war noch eine Verwaltungsanordnung der Landesregierung mit dem rechtlichen Charakter einer behördenverbindlichen Richtlinie. Im Jahre 1972 wurde durch Änderung des Landesplanungsgesetzes jedoch festgelegt, das Landesentwicklungsprogramm künftig als Gesetz zu beschließen.

Mit der Verabschiedung des zweiten Landesentwicklungsprogramms in Form des Gesetzes zur Landesentwicklung (Landesentwicklungsprogramm vom 19. März 1974) übernahm der Landtag erstmals neben der Landesregierung eine eigenständige Rolle als "Planungsträger" im Bereich der Raumordnung und Landesplanung.

Während die Aufgabe des Landesentwicklungsprogramms von 1964 noch darauf beschränkt war, "die Ziele der Landesplanung für die räumliche Gestaltung des Landesgebietes" darzustellen, enthält das Landesentwicklungsprogramm von 1974 gemäß Landesplanungsgesetz" Grundsätze und Allgemeine Ziele der Raumordnung für die Gesamtentwicklung des Landes und für alle raumbedeutsamen Planungen und Maßnahmen einschließlich der raumwirksamen Investitionen".

Seit Geltung des Gesetzes zur Landesentwicklung vom Jahre 1974 hat die Landesregierung entsprechend § 38 dieses Gesetzes im Rahmen ihrer zweijährigen Berichterstattung nach dem Landesplanungsgesetz jeweils auch dargelegt, "welche Folgerungen sie für die künftige Raumordnungspolitik und für die Anpassung der Grundsätze und Ziele der Landesplanung ziehen will, damit der Landtag rechtzeitig das Landesentwicklungsprogramm entsprechend den neuen Erkenntnissen und Entwicklungen fortschreiben kann." Im Landesentwicklungsbericht 1984 hat sie im Zusammenhang mit dem Freiraumbericht desselben Jahres auch auf die Notwendigkeit einer stärkeren ökologischen Orientierung der Raumordnung und Landesplanung durch eine entsprechende Überprüfung und Fortschreibung der Landesentwicklungspläne unter Berücksichtigung der veränderten Rahmenbedingungen hingewiesen[1].

2. Neue Entwicklungstendenzen, veränderte Rahmenbedingungen und Wertvorstellungen

Bis Ende der 70er Jahre waren die Ziele der Landesplanung und ihre instrumentelle Ausformung vor allem darauf gerichtet, den Raumbedarf einer zunehmenden Bevölkerung, einer wachsenden Wirtschaft mit kontinuierlichen materiellen Wohlstandssteigerungen und damit verbundenen wachsenden Flächenansprüchen möglichst geordnet zu befriedigen und entwicklungspolitisch zu lenken.

Seit Beginn der 80er Jahre jedoch verlaufen die Entwicklungstrends anders. Die Situation ist seitdem gekennzeichnet durch

- rückläufige Bevölkerungsentwicklung und nachhaltige Änderung der Bevölkerungsstruktur,
- intensiven wirtschaftlichen Strukturwandel verbunden mit verringerten Wachstumsraten, Arbeitslosigkeit und Finanzknappheit öffentlicher Haushalte,

---

1) Vgl. Lowinski, H.: Natürliche Lebensgrundlagen im Zielsystem der Landesplanung. In: Städte und Gemeinderat 12/1986, S. 403ff.

- Bedrohung der natürlichen Lebensgrundlagen sowie
- beschleunigte Entwicklung und Anwendung neuer Technologien.

Diese veränderte Lage hat der Landtag zum Anlaß genommen, im März 1985 den Schutz der natürlichen Lebensgrundlagen zum Verfassungsauftrag zu erklären und in der Landesverfassung zu verankern. Hieran anknüpfend hat der Ministerpräsident in seiner Regierungserklärung vom 10.6.1985 eine "ökologische und ökonomische Erneuerung" des Landes gefordert. Dieser sachlichen und politischen Forderung soll auch die Fortschreibung des Landesentwicklungsprogramms von 1974 dienen. Sie weist der Landesplanung insofern neue Wege, als sie zum Ausdruck bringt, daß das Profil des Landes und damit seine Standortgunst für Unternehmen und Arbeitnehmer nicht mehr nur von seiner wirtschaftlichen Tragfähigkeit, sondern auch von seiner Qualität als Lebensraum abhängen. Dementsprechend soll die Novellierung des Landesentwicklungsprogramms dazu beitragen, die räumlichen Voraussetzungen für die "ökologische und ökonomische Erneuerung" des Landes im Interesse einer gesunden wirtschaftlichen Entwicklung und einer menschengerechten Umwelt zu verbessern. Für das Zielsystem des Landesentwicklungsprogramms bedeutet das eine Überprüfung in doppelter Hinsicht:

- Sie muß sich einerseits beziehen auf den Ausbau der Infrastruktur, der angesichts des erreichten Leistungsniveaus und der rückläufigen Einwohnerzahlen weniger auf eine quantitative Vermehrung als auf eine qualitative Verbesserung auszurichten ist, und

- sie muß sich andererseits darauf konzentrieren, die Bereitstellung neuen Siedlungsraumes nicht über Gebühr auszuweiten, d.h. es geht um

- eine nach strengeren Maßstäben bedarfsorientierte Bereitstellung von Siedlungsraum für Wohnungen, Industrie und Gewerbe,

- eine funktionsgerechte Sicherung des Freiraums und

- eine raum- und umweltverträgliche Befriedigung fachspezifischer Raumansprüche insbesondere im Bereich der Infrastruktur im weitesten Sinne.

Generell ist die Einführung der Erhaltung der natürlichen Lebensgrundlagen als entwicklungsbegrenzende Rahmenbedingungen von besonderer Bedeutung: Demnach wäre bei Nutzungskonflikten den Erfordernissen des Umweltschutzes Vorrang einzuräumen, wenn eine wesentliche Beeinträchtigung der Lebensverhältnisse, d.h. von Leben und Gesundheit der Bevölkerung, droht oder wenn die natürlichen Lebensgrundlagen gefährdet sind.

Die anhaltende Bedrohung der natürlichen Lebensgrundlagen bedingt nicht nur eine Verstärkung der Bemühungen um den Freiraum, eine umweltverträgliche Abfallentsorgung einschließlich der Bewältigung sog. Altlasten, sondern erfordert neue umweltpolitische Maßnahmen insbesondere im Bereich der vorsorgenden Sicherung der natürlichen Lebensgrundlagen durch eine koordinierte, haushälterische Raumnutzung. Dazu gehören im Interesse eines umfassenden Bodenschutzes auch entsprechende Zielvorgaben für umweltverträgliche Produkte und Produktionsweisen der Industrie sowie des Gewerbes bzw. für eine umweltverträgliche und standortgerechte Land- und Forstwirtschaft.

Aus gesellschaftspolitischer Sicht ist darüber hinaus zu berücksichtigen, daß Veränderungen des gesellschaftlichen Problembewußtseins, die gewandelte Zustands- und Zukunftseinschätzungen deutlich werden lassen, sowohl Ursache wie Folge veränderter Rahmenbedingungen sein können. Dies gilt insbesondere auch für die Beurteilung des Wertewandels, der sich vor allem auf die Bewertung der Umwelt und den Bereich demographischer Prozesse einschließlich des Wanderungsverhaltens bezieht.

In diesem Sinne konzentriert sich die von der Landesregierung vorgeschlagene Fortschreibung des Landesentwicklungsprogramms unter Beibehaltung seiner Grundkonzeption darauf,

- seine ökologische Zielsetzung zum Schutz der natürlichen Lebensgrundlagen sachlich zu differenzieren und ihrer Bedeutung entsprechend hervorzuheben sowie

- ökonomische und soziale Ziele - unter besonderer Berücksichtigung arbeitsmarktrelevanter und infrastruktureller Gesichtspunkte - mit den ökologischen Erfordernissen zum Schutz der natürlichen Lebensgrundlagen ausgewogen zu verknüpfen.

Im Rahmen der angestrebten Siedlungsstruktur sollen die Standortvoraussetzungen für eine den Strukturwandel, die Schaffung von Arbeitsplätzen und das wirtschaftliche Wachstum fördernde, umweltverträgliche Entwicklung der Erwerbsgrundlagen erhalten, verbessert oder geschaffen werden. Dieser Grundsatz stellt auf die wechselseitige Verbindung von ökologischer und ökonomischer Erneuerung des Landes ab. Dabei sind erstmals die Forderungen nach einem aktiven Strukturwandel und nach der Schaffung von Arbeitsplätzen ausdrücklich aufgenommen worden.

3. Erarbeitung eines Gesetzes zur Änderung des Gesetzes zur Landesentwicklung (Landesentwicklungsprogramm)

Der seit Beginn der 10. Legislaturperiode für die Landesplanung zuständige Minister für Umwelt, Raumordnung und Landwirtschaft hat Ende 1986 mit der Überprüfung des Landesentwicklungsprogramms und der Vorbereitung seiner Fortschreibung begonnen. Ende 1987 hat er eine erste Arbeitsgrundlage vorgelegt, die die "Synoptische Zusammenstellung der Änderungen (umfaßt), die in den Entwurf eines Gesetzes zur Änderung des Gesetzes zur Landesentwicklung (Landesentwicklungsprogramm) einbezogen werden sollen". Diese Synopse ist inzwischen interministeriell abgestimmt und von der Landesregierung grundsätzlich gebilligt worden. Im Januar 1988 hat das Kabinett der Absicht des Ministers für Umwelt, Raumordnung und Landwirtschaft zugestimmt, diese Synopse den nach dem Landesplanungsgesetz zu beteiligenden Stellen zur Stellungnahme zuzuleiten.

Gemäß § 12 Satz 3 Landesplanungsgesetz hat der Minister für Umwelt, Raumordnung und Landwirtschaft als Landesplanungsbehörde die Kommunalen Spitzenverbände des Landes um Stellungnahme bis Anfang Mai 1988 gebeten. Darüber hinaus sind die Regierungspräsidenten und Bezirksplanungsräte, wissenschaftliche Institute, alle einschlägigen Verbände, Kammern, Landesbehörden und Organisationen aufgefordert worden, ggf. eine Stellungnahme zu dieser Synopse abzugeben.

Nach Auswertung der Stellungnahmen der Beteiligten hat die Landesregierung beschlossen, den Gesetzentwurf zur Änderung des Gesetzes zur Landesentwicklung von 1974 in Kürze im Landtag einzubringen. Es ist damit zu rechnen, daß der Landtag sich schon sehr bald mit diesem Gesetzentwurf befassen wird. Voraussichtlich werden dabei insbesondere folgende Schwerpunkte im Vordergrund stehen:

a) konzeptionelle Ergänzung des Zielsystems insbesondere hinsichtlich

- der Abgrenzung und Funktion von Siedlungsraum und Freiraum (§§ 19 und 20)
- Vorrang des Umweltschutzes bei Nutzungskonflikten / Umwelt als Engpaßfaktor (§ 2 / LEP III)

b) Integration veränderter tatsächlicher, gesellschaftlicher und ressortpolitischer (fachlicher) Rahmenbedingungen durch

- Verzahnung von Raumordnung und Umweltschutz
- neue ökologische Problemstellungen (§§ 32 bis 35, Landschaftsentwicklung, Wasserwirtschaft, Abfallentsorgung, gebietsbezogener Immissionsschutz)

- veränderte Akzente in der Wirtschafts-, Energie-, Agrar- und Verkehrspolitik (§§ 26, 27 / § 11 und 18)

c) redaktionelle Verbesserungen in begrifflicher und systematischer Hinsicht

d) Berücksichtigung bundespolitischer Vorgaben durch Änderung des ROG (Bodenschutz, Rohstofflagerstätten)

e) Abstimmung mit Änderungen des Landesplanungsgesetzes (§§ 35 und 38).

UMWELTGÜTEZIELE IN DER REGIONALPLANUNG

dargestellt am Beispiel der
Nordwanderung des Steinkohlenbergbaus

von
Lothar Finke, Dortmund

Gliederung

1. Zielsetzung dieses Beitrages

2. Das Gesamtkonzept und der ehrenamtliche Naturschutz

3. Umweltgüteziele der Regionalplanung als wichtige Elemente der neuen Planungsmethodik

   3.1 Prüfung der Auswirkungen auf Raumstruktur und Umwelt im Rahmen der Regionalplanung
   3.2 Methodische Voraussetzungen zur Prüfung und Beurteilung von Umweltauswirkungen i.R. der Regionalplanung

   3.2.1 Methodik nach Gesamtkonzept zur Nordwanderung des Steinkohlenbergbaus an der Ruhr
   3.2.2 Eigene methodische Vorstellungen zur Prüfung der Raum- und Umweltverträglichkeit i.R. der Regionalplanung

4. Möglichkeiten der planerischen Umsetzung

5. Rechtlich-instrumentelle Probleme

6. Zusammenfassung

Literatur

Anlagen

1. Zielsetzung dieses Beitrages

Die Überlegungen, einschließlich der Formulierung des Themas, knüpfen zunächst einmal am "Gesamtkonzept zur Nordwanderung des Steinkohlenbergbaus an der Ruhr" an, welches im Januar 1986 vom MURL (Ministerium für Umwelt, Raumordnung und Landwirtschaft des Landes Nordrhein-Westfalen) herausgegeben wurde.

Dort ist von einer "erweiterten Regionalplanung" (S. 17) und einer "neuen Planungsmethodik" (u.a. S. 16 und 18) die Rede, wobei die Zielsetzung darin besteht, im Rahmen der Regionalplanung die planerischen Vorstellungen des Bergbaues mit den anderen raumwirksamen Belangen abzuwägen - vor allem sollen auf diese Weise "die raumstrukturellen, ökologischen, wasserhaushaltlichen und denkmalpflegerischen Gesichtspunkte in einer gesamtwirtschaftlich vernünftigen Weise in die ökonomischen Entscheidungen einfließen" (S. 16).

In Zusammenhang mit dieser "erweiterten Regionalplanung" (S. 17) ist im Gesamtkonzept mehrfach - vornehmlich im Kap. IV - von Umweltqualitätszielen bzw. Umweltgütezielen die Rede. Diese Umweltziele müssen/sollten - auch nach dem Verständnis des Gesamtkonzeptes - definiert sein, um dem Bergbau ggf. Auflagen machen und erforderliche Ausgleichs- und Ersatzmaßnahmen (gem. § 5 Landschaftsgesetz NW) fordern zu können.

Dieser Beitrag befaßt sich mit diesem inhaltlichen Teilkomplex des Gesamtkonzeptes der Landesregierung, also mit folgenden Fragen:

- Was ist unter diesen Umweltqualitätszielen zu verstehen?
  a) Laut Gesamtkonzept
  b) Nach dem Stand der wissenschaftlichen Diskussion

- Welches sind die erforderlichen Informationen als Voraussetzung für die Formulierung derartiger Umweltgüte- bzw. Umweltqualitätsziele?

- Planungsmethodische Überlegungen
  a) Die neue Planungsmethode gemäß Gesamtkonzept
  b) Eigene Vorstellungen, um den Belangen des Umweltschutzes und der Ökologie "in den Sattel" zu helfen, d.h. sie aus dem derzeitigen Stadium überwiegend verbaler Bekundungen zu wirklich starken Abwägungsbelangen zu wandeln, die in der Folge dann auch zu anderen Abwägungsergebnissen führen.

2. Das Gesamtkonzept und der ehrenamtliche Naturschutz

Das Gesamtkonzept der Landesregierung wird - neben seinem fachlichen Gehalt - vor allem als politisches Konzept verstanden. Dem Ziel, vor Ort, d.h. auf regionaler und kommunaler Ebene, einen möglichst breiten Konsens zu erzeugen, wird ein zentraler Wert beigemessen - schon im Vorwort des Ministers wird dies deutlich.

Die folgenden Ausführungen dürfen schon allein wegen dieser Ausgangslage nicht auf rein fachliche Aspekte beschränkt bleiben. In meiner Eigenschaft als Vorsitzender der Landesgemeinschaft Naturschutz und Umwelt Nordrhein-Westfalen e.V. (LNU) und des Arbeitskreises "Nordwanderung des Ruhrbergbaus" bin ich ohnehin auch mit der politischen Dimension des Gesamtproblems befaßt. Nachdem in der Phase der Formulierung des Gesamtkonzeptes die Naturschutzverbände - bis auf die Anhörung am 5./6. September 1985 - weitgehend außen vor gelassen worden waren, ist man beim MURL jetzt offensichtlich bestrebt, die Verbände, d.h. den ehrenamtlichen Naturschutz, zu beteiligen.

Nach meinen Erfahrungen - seit den ersten bergbaulichen Planungen in der Haard um die Mitte der 70er Jahre - erfolgt diese Beteiligung der Naturschutzverbände weniger aus fachlicher Sicht, denn als Element einer politischen Befriedigungsstrategie - dies sei ohne Wertung festgestellt -, was daraus gemacht wird, ist jetzt zunächst einmal Sache der Verbände.

3. Umweltgüteziele der Regionalplanung als wichtige Elemente der neuen Planungsmethodik

Das "Gesamtkonzept zur Nordwanderung des Steinkohlenbergbaus an der Ruhr" "zielt auf einen Wandel in der Planungsmethodik" (S. 5) ab, womit im wesentlichen folgendes gemeint ist:

a) Im Rahmen der Kohle-Vorrang-Politik sind dem Steinkohlenbergbau notwendige Förderkapazitäten zu sichern, ebenfalls aus wirtschafts- und speziell aus beschäftigungspolitischen Gründen.

b) Wegen Erschöpfung der heute als abbauwürdig geltenden Lagerstätten in der derzeitigen Abbauzone muß der Ruhrbergbau nach Norden wandern. Diese Nordwanderung soll möglichst umweltschonend erfolgen, das Konzept spricht hier von Ressourcenschutz (S. 5).

c) Die erforderlichen Abwägungs- und Entscheidungsprozesse innerhalb dieser Nordwanderung des Bergbaus sollen für die Öffentlichkeit künftig transparenter werden.

Damit berührt diese räumliche Verlagerung des Bergbaus zwei der vier energiepolitischen Leitziele der Landesregierung - die Schonung der Umwelt und die Wiedergewinnung des gesellschaftlichen Grundkonsenses.

Die folgenden Ausführungen befassen sich im wesentlichen mit dem Fragenkomplex "Umwelt-/Ressourcenschutz im Rahmen der Bergbau-Nordwanderung".

Die im "Gesamtkonzept" noch zugrunde gelegten 61 Mio. p/a verwertbare Förderung sind durch energiepolitische Beschlüsse Ende 1987 ohnehin überholt. Die weitere Entwicklung der politischen Rahmenbedingungen erscheint höchst ungewiß. Die Wiedergewinnung bzw. Bekräftigung des gesellschaftlichen Grundkonsenses zur Energiepolitik ist sicher ein politisch bedeutsames Ziel - aus umweltpolitischer Sicht und aus Sicht des ehrenamtlichen Naturschutzes wird eine im Rahmen der Nordwanderung zu fällende Entscheidung jedoch nicht bereits dadurch zu einer richtigen und sinnvollen Entscheidung, daß ein breiter Konsens der Beteiligten herbeigeführt wurde. Die Vorstellungen darüber, ob getroffene Entscheidungen wirklich als "vernünftiger Ausgleich zwischen Ökologie und Ökonomie" in diesem Kernbereich der Landespolitik "(Vorwort des Ministers)" angesehen werden können, werden mit Sicherheit auch in Zukunft z.B. zwischen Bergbau und Naturschutz stark differieren.

3.1 Prüfung der Auswirkungen auf Raumstruktur und Umwelt im Rahmen der Regionalplanung

Mit der sogenannten neuen Planungsmethodik sollen künftig die zu erwartenden Auswirkungen der Nordwanderung des Steinkohlenbergbaus auf die Raumstruktur und die Umwelt untersucht und beachtet werden, sowohl in der Regionalplanung als auch beim bergrechtlichen Verfahren. Die Umsetzung der EG-Richtlinie zur Umweltverträglichkeitsprüfung (EG-RL zur UVP) wird sich in einer z.Z. noch nicht absehbaren Form auf das Bundesberggesetz (BBergG) und die dort zu regelnden Beachtenspflichten von Umweltaspekten im Rahmen bergrechtlicher Verfahren auswirken. Das "Gesamtkonzept zur Nordwanderung des Steinkohlenbergbaus an der Ruhr" zeigt im Kap. III den qualitativen und quantitativen Entwicklungsrahmen auf, der im Zuge der Nordwanderung des Steinkohlenbergbaus angestrebt werden soll. Die dort aufgeführten Ziele machen deutlich, "auf welche großräumig und regional bedeutsamen Funktionen der Ökologie, der Landschaftsentwicklung, der kulturhistorischen Werte und des Wasserhaushaltes Raumnutzer und damit auch der Bergbau in jenen betroffenen Räumen Rücksicht zu nehmen haben (S. 14).

Hiermit ist z.B. folgendes gemeint:

- Das Verhältnis zwischen Siedlung und Freiraum im Bereich der Nordwanderungszone soll grundsätzlich erhalten werden - der Freiraum soll eher noch ausgeweitet werden.

- Das Gesamtkonzept stellt zwar fest, daß Planungen des Bergbaus keinen grundsätzlichen Vorrang hätten, der sich direkt anschließende Hinweis auf das besondere Gewicht der Kohle-Vorrang-Politik und auch die vom Bergbau stets betonte Standortgebundenheit signalisieren jedoch sehr deutlich, daß den Belangen des Bergbaus im konkreten Abwägungsfall eben doch ein herausragendes Gewicht beizumessen sein wird.

  Planerisch besonders interessant scheint in diesem Zusammenhang der Hinweis (S. 8 des Gesamtkonzeptes), daß im Einzelfall ggf. auch andere Planungen zurückzunehmen sind, quasi als Kompensation für die aus dem vorrückenden Bergbau zu erwartenden Belastungen.

  Rein methodisch setzt ein solches Vorgehen relativ klare Vorstellungen darüber voraus, bis zu welcher Grenze ein Teilraum belastbar erscheint. Wenn dann als unvermeidbar erkannte neue Belastungen nicht mehr ausgeglichen werden können - i.S. des § 4 des Landschaftsgesetzes NW - dann müßten andere Planungen zurückgenommen werden. Um diesen Grenzwert der Belastbarkeit bestimmen zu können, bedürfte es eines klar definierten Bewertungsrahmens, z.B. in Form von Umweltgütezielen.

- Die Landesregierung hat das Gesamtkonzept auf der Basis von drei speziell erarbeiteten Gutachten erstellt und zwar:

  a) Ein Ökologiekonzept zur Nordwanderung des Steinkohlenbergbaus der Landesanstalt für Ökologie (Lölf, Nov. 1985)
  b) eine wasserwirtschaftliche Konzeption zur Nordwanderung des Steinkohlenbergbaus des Landesamtes für Wasser und Abfall NRW (LWA, Nov. 1985) und
  c) eine Untersuchung der Forschungsgruppe TRENT-Umwelt (TRENT 1985).

  Auf der Basis dieser Gutachten und einer Anhörung beim MURL am 5. und 6. September 1986 sind nach Prüfungen durch die Fachressorts von der Landesregierung Umweltqualitätsziele formuliert worden. Diese Umweltqualitätsziele haben i.d.R. allgemeinen, grundsätzlichen Charakter, in Einzelfällen werden sie jedoch recht konkret, z.B. die Ziele des Kap. III.2 jeweils die Teilräume betreffend (S. 10-12).

  Zum Bereich der Bau- und Bodendenkmäler wird zum Schloß Cappenberg z.B. folgendes ausgesagt:

"Erhalt des Bau- und Bodendenkmals Schloß Cappenberg, das nicht durch technische Eingriffe verfremdet werden darf; die raumbestimmende Wirkung der Gesamtanlage - insbesondere mit der Allee nach Norden und den Sichtbeziehungen nach Südosten, Süden, Südwesten und Westen - ist zu erhalten" (S. 12).

Seit Verabschiedung des Gesamtkonzeptes gibt es um die Zukunft dieses kulturhistorischen Baudenkmals von nationalem Rang eine intensive und kontroverse Diskussion. Die Landesregierung und Vertreter des MURL weisen immer wieder darauf hin, daß im Nordwanderungskonzept hierzu eindeutige Aussagen getroffen wurden, während das zuständige Bergamt Gutachten erarbeiten läßt, um zu prüfen, ob zu erwartende Veränderungen und erforderliche Sicherungsmaßnahmen am Schloß als "Gemeinschaden" im Sinne des Bundesberggesetzes zu werten sind. Dies macht deutlich, daß die als so eindeutig bezeichneten Vorgaben im Gesamtkonzept von den Beteiligten sehr unterschiedlich ausgelegt werden.

Es darf vermutet werden, daß die Qualitätsziele des Gesamtkonzeptes für einen differenzierten Ressourcenschutz (Kap. III.2) letztlich noch nicht ausreichend konkret formuliert sind - vielleicht war eine eindeutige Konkretisierung zum damaligen Zeitpunkt aber auch gar nicht gewünscht. Das Gesamtkonzept geht davon aus, daß die rahmensetzenden Umweltqualitätsziele des Kap. III.2 in den Gebietsentwicklungsplänen zu berücksichtigen und - soweit erforderlich - zu konkretisieren sind.

Bezüglich dieser Konkretisierung von Umweltqualitätszielen i.R. der Aufstellungs- und Genehmigungsverfahren von Gebietsentwicklungsplänen finden sich planungsmethodisch und umweltpolitisch höchst erstaunliche Aussagen, heißt es doch hierzu wie folgt:

"Bei der Konkretisierung werden die Umweltqualitätsziele mit den Erfordernissen einer optimalen Lagerstättennutzung abgewogen" (Gesamtkonzept S. 10).

Keine andere Nutzung genießt ein derartiges Privileg - im Gegenteil, durch die Genehmigung der Gebietsentwicklungspläne bekommen die Umweltqualitätsziele Gültigkeit, auch für alle anderen Raumnutzer.

Aus methodischer Sicht ist interessant, daß die Planungsabsichten des Bergbaus bekannt sein müssen, um nach einer Abwägung mit Umweltbelangen Umweltqualitätsziele formulieren zu können. Es wäre auch ein gänzlich anderes methodisches Vorgehen denkbar, nämlich vorab Umweltqualitätsziele festzulegen, die dann für wirklich alle Raumnutzer verbindlich sind. Wie man hierzu methodisch vorgehen könnte, wird dieser Beitrag im folgenden behandeln.

3.2 Methodische Voraussetzungen zur Prüfung und Beurteilung von Umweltauswirkungen i.R. der Regionalplanung

3.2.1 Methodik nach Gesamtkonzept zur Nordwanderung des Steinkohlenbergbaus an der Ruhr

Die sicherlich unstrittigste Voraussetzung ist zunächst einmal eine möglichst gute Information über die reale Situation/Qualität der Umwelt. Diese Prüfung im einzelnen soll lt. Gesamtkonzept in der Regionalplanung erfolgen. Es heißt hierzu im Gesamtkonzept wie folgt:

"Durch die Konkretisierung der Umweltqualitätsziele des Gesamtkonzeptes in den Gebietsentwicklungsplänen soll gesichert werden, daß die konkreten Funktionen der betroffenen Räume geschützt, erhalten oder gefördert werden, soweit das für die Regionalentwicklung erforderlich ist" (S. 14).

Es ist eine methodische Selbstverständlichkeit, daß der Schutz und/oder die Entwicklung real vorhandener Funktionen der betroffenen Räume nur dann als konkretes Umweltqualitätsziel zu formulieren ist, wenn sehr detaillierte Kenntnisse über die landschaftsökologische Struktur und über die landschaftsökologisch-funktionalen Zusammenhänge vorliegen.

Weil die vorhandene Informationslage über die von der Nordwanderung betroffenen Regionen als unzureichend erkannt wurde, haben die meisten der zu der Anhörung am 5. und 6. September 1986 geladenen Experten damals gefordert, die Formulierung und Verabschiedung des Gesamtkonzeptes auszusetzen - für mindestens drei Jahre/Moratorium - und erst auf einer wesentlich verbesserten Informationsgrundlage ein Konzept für eine wirklich umweltverträgliche Bergbaunordwanderung zu formulieren (s. hierzu MURL 1985).

Nach den Vorstellungen des Gesamtkonzeptes (Kap. IV, S. 14ff.) soll die Prüfung der Auswirkungen bergbaulicher Vorhaben auf Raumstruktur und Umwelt in zwei Stufen erfolgen - einer Grobbewertung und einer detaillierteren Analyse und Bewertung in der Regionalplanung und beim bergrechtlichen Betriebsplanverfahren. Die Gesamtbewertung ist bereits erfolgt und hat sich im Gesamtkonzept niedergeschlagen, indem dort folgendes festgestellt wird: "Zusammenfassend läßt sich feststellen, daß den bergbaulichen Vorhaben eine Vielzahl von Einzelproblemen gegenüberstehen, zum gegenwärtigen Zeitpunkt aber keine Erkenntnisse vorliegen, daß angesichts der bereits bestehenden Belastungen die Planungen des Bergbaus unter dem Gesichtspunkt der Umweltschonung grundsätzlich nicht realisierbar erscheinen" (S. 15).

Die Feinbewertung der zu erwartenden Auswirkungen im Rahmen der Regionalplanung und des bergrechtlichen Betriebsplanverfahrens wird in Kap. IV.2 des Gesamtkonzeptes recht ausführlich behandelt - die Hauptaspekte sind folgende:

- Es wird in detaillierten Einzelschritten ein "Verfahren einer erweiterten Regionalplanung" vorgestellt (s. S. 16 und 17), bei dem aus umweltpolitischer Sicht sehr viele Fragen offenbleiben. Es kann z.B. nicht befriedigen, daß erst im letzten Verfahrensschritt die "endgültige Prüfung der Umweltverträglichkeit" (S. 17) erfolgen soll.

- Zur Bestandserhebung der Realnutzung, der biotischen Potentiale, der wasserhaushaltlichen Gegebenheiten und des Bestandes an Bau- und Bodendenkmälern gibt das Gesamtkonzept Kataloge vor (s. Anl. 1 und 2), da es als zweckmäßig erachtet wird, nach einheitlichen formalen Gesichtspunkten vorzugehen. Je nach Einzelfall soll es jedoch möglich sein, daß Teile der Kataloge unberücksichtigt bleiben.

Zunächst einmal ist festzustellen, daß bei Einhaltung des Kataloges der Bestandserhebung lt. Anlage 1 eine traditionelle, weitgehend einzelfaktorielle Landschaftsanalyse vorläge. Der Anspruch einer systemaren Zusammenschau, den sogar die EG-Richtlinie zur Umweltverträglichkeitsprüfung (EG-RL zur UVP) in ihrem Art. 3 erhebt, wird hier nicht gestellt.

- Der Verfahrensablauf sieht als dritten Schritt die "Bewertung der potentiellen Eingriffe durch die Regionalplanung, ggf. unter Zuhilfenahme anderer staatlicher Dienststellen und Einrichtungen oder Gutachter" (S. 16), vor. Es wird nicht klar, woher die Regionalplanung den Rahmen, den Maßstab für die Bewertung potentieller Eingriffe bekommt - hierauf wird im weiteren Verlauf dieses Beitrages eingegangen. Weiterhin wird nicht klar, welche Bedeutung das erzielte Bewertungsergebnis für den nächsten Verfahrensschritt haben soll, wo es darum geht, die Quantitätsziele für die Raumstruktur und die Umweltqualitätsziele des Gesamtkonzeptes zu konkretisieren (S. 16). Ein Ergebnis, wonach die Regionalplanung zu der Meinung gelangt, daß z.B. ein Schacht grundsätzlich nicht möglich sei, erscheint zwar theoretisch denkbar, diesem Gebietsentwicklungsplan dürfte aber die Genehmigung versagt werden. Die Landesregierung kündigt hierzu an, daß sie im Rahmen ihrer Aufsichtsbefugnisse auf die strikte Einhaltung des Grundsatzes der Verhältnismäßigkeit hinwirken und darauf achten wird, daß die regionalplanerische Abwägung vor dem Hintergrund der Kohle-Vorrang-Politik und der Standortgebundenheit erfolgt. Der Hinweis, daß Gebietsentwicklungspläne nur dann genehmigungsfähig sind, wenn die regional konkretisierten Ziele der nachfolgenden fachgesetzlichen Umsetzung dienlich sind und - aus Umweltaspekten besonders wichtig - den gebotenen Beurteilungs- bzw. Abwägungsspielraum der von den zuständigen Fachbehörden zu treffenden Entscheidungen unberührt lassen. Damit scheint die Bindungswirkung des Gebietsentwicklungsplanes für das nachfolgende bergrechtliche Betriebsplanverfahren doch wieder sehr in Frage gestellt.

3.2.2 Eigene methodische Vorstellungen zur Prüfung der Raum- und Umweltverträglichkeit i.R. der Regionalplanung

Die eigenen Vorstellungen über ein sinnvolles methodisches Vorgehen, um im Rahmen der Regionalplanung die heute real vorhandene Umweltqualität mindestens zu erhalten, wenn irgend möglich zu verbessern, setzen an einem ganz anderen Punkt an.

Das Gesamtkonzept der Nordwanderung des Steinkohlenbergbaus an der Ruhr geht davon aus, daß das vorgesehene Verfahren einer erweiterten Regionalplanung mit begleitender, zeitlich versetzter bergrechtlicher Rahmenbetriebsplanung grundsätzlich eingeleitet werden soll, wenn durch bergbauliche Standortplanungen und generelle Abbauplanungen Auswirkungen zu erwarten sind, die die Quantitäts- und Qualitätsziele des vorgelegten Gesamtkonzeptes berühren. Dieses Verständnis geht, wie bereits einmal erwähnt, davon aus, daß seitens des Bergbaus Wünsche an die Regionalplanung herangetragen werden. Weiterhin stellt das Gesamtkonzept fest, daß eine derartig erweiterte Prüfung bergbaulicher Vorhaben auf Raumstruktur und Umwelt i.R. der Regionalplanung über die Anforderungen hinausgeht, die auf dieser Planungsebene für andere Sachbereiche zugrunde gelegt werden.

Die eigenen Vorstellungen gehen davon aus, daß eine alle Belange - also auch die Umweltbelange - berücksichtigende räumliche Gesamtplanung auf der regionalen Ebene überhaupt nur auf der Basis umfassender Kenntnisse über den Raum möglich ist. Der in der Anlage 1 des Gesamtkonzeptes enthaltene "Katalog der Bestandserhebung und der vorzulegenden Projektunterlagen" findet, ähnlich wie die Forderung des Artikels 3 der EG-RL zur UVP, dort seine Grenzen, wo der Projektträger - in diesem Fall der Bergbautreibende - nachweisen kann, daß er bestimmte Unterlagen deswegen nicht beibringen kann, weil die zuständigen staatlichen Stellen die Fakten bisher noch nicht erhoben haben.

Es wird davon ausgegangen, daß im Rahmen jeder regionalplanerischen Tätigkeit die in der Anlage 1 enthaltenen Inhalte der Gliederungspunkte 1.1 "Realnutzungen" bis 1.4 "Denkmalschutz und Denkmalpflege" ohnehin zum Pflichtbestandteil einer heute üblichen, sachgerechten Erhebung zählen. Wie sonst sollte anderenfalls Regionalplanung überhaupt möglich ein?

Es wurde bereits festgestellt, daß die Bestandsaufnahme sich nicht auf Einzelfaktoren beschränken darf, sondern bestrebt sein muß, die realen landschaftsökologischen Zusammenhänge aller Faktoren zu erfassen. Die folgenden Ausführungen befassen sich insbesondere mit dem Komplex 1.2 "Naturhaushalt" der Anlage 1, da es ja insbesondere auf eine Erfassung und Bewertung des sog. Naturhaushaltes bzw. Landschaftshaushaltes ankommt, wenn mit dem Ziel einer künftig stärkeren Berücksichtigung ökologischer Tatbestände im Rahmen der räumlichen Planung tatsächlich Ernst gemacht werden soll. Der MURL hat eine Studie erarbeiten lassen (s. Bierhals, Kiemstedt u. Panteleit, 1986), die sich mit der Frage befaßt, was unter dem zentralen Ziel moderner Schutzgesetze "Erhaltung der Leistungsfähigkeit des Naturhaushaltes" eigentlich zu verstehen ist und welches die methodischen Voraussetzungen sind, um im Rahmen der Landschaftsplanung, aber auch der gesamträumlichen Planung diesem zentralen Ziel modernen Naturschutzes nachkommen zu können. In Anlehnung an die Ergebnisse dieser Studie sollte bei der nächsten Fortschreibung des Gesamtkonzeptes insbesondere der Gliederungspunkt 1.2 "Naturhaushalt" der Anlage 1 überarbeitet werden.

Hier wird vorgeschlagen, völlig unabhängig von dem Problem Bergbauordwanderung, als Grundlage für die Landes- und Regionalplanung in den nächsten Jahren eine möglichst detaillierte Analyse der Freiraumfunktionen i.S. des LEP III vorzunehmen, was letzten Endes darauf hinausläuft, die ökologischen Funktionen zu kartieren. Diese landschaftsökologischen Funktionen werden von Bierhals, Kiemstedt und Panteleit (1986) als "Leistungen des Naturhaushalts" bezeichnet, Langer, v. Haaren u. Hoppenstedt (1985) sprechen von ökologischen Landschaftsfunktionen als Planungsgrundlage, Finke (1987) schlägt hingegen vor, bei dem in die Literatur seit langem eingeführten Begriff der "Naturraumpotentiale" zu bleiben.

Worum geht es im einzelnen? Folgende Naturraumpotentiale, die zunächst einmal als die wichtigsten erkannt worden sind, im Einzelfall je nach Fragestellung aber weiter auszudifferenzieren wären, sollten flächendeckend erfaßt werden:

- Naturschutzpotential/biotisches Regenerationspotential
- Rohstoffpotential
- Wasserdargebotspotential
- biotische Ertragspotentiale
- klimatische Potentiale
- Erholungspotential
- Entsorgungspotential.

Es ist hier nicht der Ort, die einzelnen Potentiale genauer zu kennzeichnen - siehe dazu z.B. Finke (1986, 1987). Jedes einzelne dieser Naturraumpotentiale wird von einer Vielzahl untereinander systemar verknüpfter Elemente der realen landschaftlichen Ökosysteme bestimmt. Gegenüber der klassischen landschaftsökologischen Analyse, wie sie beispielsweise die Unterpunkte zu Punkt 1.2

Naturhaushalt in Anlage 1 nach dem Gesamtkonzept wiederspiegeln, erfordert die Erfassung der Naturraumpotentiale eine systemare Zusammenschau, eine über die einzelfaktorielle Betrachtung hinausgehende, systemtheoretische Sicht. Andererseits stellt jedes einzelne Potential lediglich einen Teilausschnitt der landschaftlichen Realität dar, also eine Reduktion auf jeweils überschaubare Subsysteme. Insofern versucht der Potentialansatz durchaus etwas mehr zu leisten als die klassische, einzelfaktorielle Betrachtungsweise, auf der anderen Seite verzichtet er bewußt darauf, die ominöse "Leistungsfähigkeit des Naturhaushaltes" als Ganzes und in der gesamten Komplexität zu erfassen und zu bewerten.

Innerhalb des nordrhein-westfälischen Planungssystems erscheint eine solche Forderung durchaus logisch, ja sogar zwingend notwendig. Der Landesentwicklungsplan III stellt fest, daß Freiraum zu einem knappen Gut geworden ist und damit generell als schützenswert zu gelten hat. Auf der Ebene der Landesplanung ist die Schutzwürdigkeit eines konkreten Freiraumes selbstverständlich nicht zu beantworten, hier muß auf der Ebene der Regionalplanung weiter konkretisiert werden. Hierzu sollte auf der Ebene der Regionalplanung sehr detailliert dargestellt werden, worin der ökologische Wert der Freiräume im einzelnen besteht, d.h. welche landschaftsökologischen Funktionen mit welcher Wertigkeit und welcher Bedeutung aus regionaler Sicht wo und wie erbracht werden.

Daraus folgt, daß es methodisch nicht ausreicht, auf der regionalen Ebene eine Umweltdatenbank oder ein Landschaftsinformationssystem als Bestandteil eines umfangreichen Informationssystems insgesamt vorzuhalten, sondern daß es mit Blick auf die in der räumlichen Planung erforderliche Überprüfung von Auswirkungen auf die Raum- und Umweltsituation darauf ankommt, auf der Basis dieser Informationen möglichst konkrete Ziele zu formulieren und damit gleichzeitig einen Bewertungsmaßstab für ökologisch-funktionale Auswirkungen potentieller Maßnahmen zu schaffen. Es wird davon ausgegangen, daß die ermittelten landschaftsökologischen Funktionen nicht nur in einer Arbeitskarte dargestellt, sondern in einen verbindlichen Raumordnungsplan übernommen werden müssen, um überhaupt eine für alle Nutzungen verbindliche Grundlage zu schaffen. Es ist selbstverständlich, daß nicht alle festgestellten ökologischen Funktionen den gleichen Wert haben und somit auch nicht in gleicher Weise schutzbedürftig erscheinen. Die räumliche Planung könnte in der Weise reagieren, daß die einzelnen Funktionen mit unterschiedlichen Vorrängen/Beachtenspflichten dargestellt werden, die dann in der Folge dazu führen könnten, daß sie die Funktion von Abwägungsregeln erfüllen.

Die mit bestimmten Vorrängen im Regionalplan dargestellten ökologischen Funktionen wären identisch mit den sogenannten Umweltqualitätszielen des Gesamtkonzeptes. Insofern wäre sowohl für den Bergbau als auch für alle anderen

Nutzer dargestellt, worin das jeweils angestrebte Qualitätsziel besteht, d.h. jeder einzelne Anspruchsteller kann sich selbst im vorhinein eine Vorstellung davon verschaffen, welche Anforderungen auf ihn zukommen.

Der wesentliche methodische Unterschied einer unabhängig von konkreten Planungen - z.B. des Bergbaus - vorzunehmenden Darstellung ökologischer Funktionen in einem abgestuften System von Vorrängen auf der Ebene der Regionalplanung gegenüber dem Gesamtkonzept liegt darin, daß letzteres die Konkretisierung von Umweltgütezielen auf der regionalen Ebene erst dann vornehmen will, wenn der Bergbau bestimmte Wünsche vorträgt. Eine solche Methode der Festlegung von Umweltgütezielen ist bei positiver Betrachtung sicherlich politisch flexibler, da sich die Formulierung der jeweils einzuhaltenden Umweltqualitätsziele zweifellos besser nach den Bedürfnissen des Bergbaus richten kann. Gerade hierin erkennen jedoch die Naturschutzverbände eine zweifellos nicht von der Hand zu weisende Gefahr, die im übrigen generell mit dem Thema Umweltverträglichkeitsprüfung und deren inhaltlicher Ausgestaltung verbunden ist, indem jede Planung letzlich dadurch zu einer umweltverträglichen Planung gemacht werden kann, wenn die Meßlatte für die anzustrebende Umweltqualität nur ausreichend niedrig angesetzt wird.

4. Möglichkeiten der planerischen Umsetzung

Das Gesamtkonzept zur Nordwanderung des Steinkohlenbergbaus an der Ruhr geht davon aus, daß die von ihm selbst bereits vorgegebenen Quantitäts- und Qualitätsziele zur Umweltgüte auf der Ebene der Regionalplanung weiter konkretisiert als Ziele in den Gebietsentwicklungsplan eingearbeitet und durch die Genehmigung des Gebietsentwicklungsplanes Verbindlichkeit für alle nachfolgenden Planungen erlangen werden. Im Sinne der Studie von Bierhals, Kiemstedt und Panteleit (1986) hätten derartige, an den "Leistungen des Naturhaushaltes", d.h. an den landschaftsökologischen Funktionen im Sinne dieses Beitrages, ausgerichteten Ziele schon seit Jahren Bestandteil der Gebietsentwicklungspläne in Nordrhein-Westfalen sein müssen, erfüllt doch der Gebietsentwicklungsplan nach § 15 Landschaftsgesetz NW die Funktion des Landschaftsrahmenplanes im Sinne des § 5 BNatSchG. Die 3. DVO zum Landesplanungsgesetz regelt Form und Art des Planungsinhaltes, u.a. auch der Gebietsentwicklungspläne. Die Anlage 1 zu § 2 Abs. 2 der 3. DVO - das Planzeichenverzeichnis - müßte m.E. insbesondere im Bereich der Ziffern 7 bis 11 wesentlich verfeinert werden, wenn ernsthaft angestrebt werden sollte, Umweltqualitätsziele auf der Basis der festgestellten ökologischen Funktionen detailliert im Gebietsentwicklungsplan darzustellen. Das derzeitige Planzeichenverzeichnis scheint dem entgegenzustehen, es wäre jedoch zu prüfen, ob eine entsprechende Auslegung des § 2 Abs. 4 und 5 der 3. DVO einen derartigen Spielraum nicht doch hergäbe.

In Übereinstimmung mit Lowinski (1986) gehen meine Überlegungen dahin, im Gebietsentwicklungsplan künftig sehr viel stärker Funktionen anstelle von Nutzungen darzustellen. Dies wird als Problem ohnehin auf die Regionalplanung zukommen, wenn innerhalb der z.Z. als "Agrarbereiche" dargestellten großen Flächen etwas darüber ausgesagt werden muß, was bei einer eventuellen Stillegung von Teilen dieser Flächen dort geschehen soll (s. hierzu Saurenhaus i.d. Band). Derartige Aussagen könnten z.B. in Form eines sogenannten "Ökologischen Funktionsplans" (Finke 1987) dem Gebietsentwicklungsplan als "ergänzende Karte" beigegeben werden.

Eine weitere Möglichkeit bestünde darin, in Nordrhein-Westfalen nach dem Vorbild anderer Bundesländer einen separaten Landschaftsrahmenplan für die regionale Ebene einzuführen. A. Schmidt (1988) hat für einen ARL-Arbeitskreis diese Frage aufgegriffen und vorgeschlagen, einen eigenständigen Landschaftsrahmenplan aufzustellen, der dann u.a. eine wesentliche Grundlage für die Formulierung sogenannter "regionalplanerischer Leitbilder" darstellen müßte. Die Frage, ob ein zunächst als separater Fachplan erstellter Landschaftsrahmenplan mit nachfolgender sogenannter Sekundärintegration in den regionalen Raumordnungsplan besser ist als das nordrhein-westfälische Modell mit der sogenannten Primärintegration, ist schon sehr häufig diskutiert worden (s. z.B. Deutscher Rat für Landespflege 1984). Das in Nordrhein-Westfalen praktizierte Modell der Primärintegration beinhaltet zumindest theoretisch die Möglichkeit, freilich auf der Basis einer möglichst umfassenden Information über die landschaftsökologische Situation des Planungsraumes, den regionalplanerischen Prozeß von Anfang an und in ganzer Breite zu durchdringen und somit zu einer wirklichen Ökologisierung der Planung beizutragen. Dieses Ziel ist bisher sicherlich nicht erreicht worden (s. hierzu A. Schmidt 1988), die Gründe sind sehr vielfältiger und vor allen Dingen politischer Natur, so daß keineswegs gesichert ist, daß die Einführung eines separaten Landschaftsrahmenplanes im Ergebnis dazu führt, daß sich die Regionalplanung zu einer ökologischen Planung weiterentwickelt.

Wie bereits mehrfach erwähnt, muß das methodische Vorgehen des Gesamtkonzeptes als unbefriedigend bezeichnet werden, da dort die Formulierung regionaler Umweltgüteziele stets nur als Reaktion auf vom Bergbau vorgetragene Wünsche erfolgt (s. hierzu S. 10, 14, 16 des Gesamtkonzeptes).

Eine wirklich neue Planungsmethodik sollte meines Erachtens gerade hier ansetzen und versuchen, die Regionalplanung aus ihrer rein reagierenden Position gegenüber dem Bergbau herauszuholen und zu einer agierenden, vorausschauenden, räumlichen und inhaltlichen Gesamtplanung zu machen. Gerade die Umweltaspekte bieten ihr, bei einer stark räumlich differenzierten Behandlung landschaftsökologischer Funktionen, hierzu einen sehr guten Ansatzpunkt, da die aus fachlicher Sicht erforderliche systemare Gesamtschau der Umweltbelange der ureigensten Aufgabe der Regionalplanung als Gesamtplanung sehr entgegenkommt. Ich gehe sogar so weit, zu behaupten, daß nur auf diesem Wege der Darstellung regional bedeutsamer Freiraumfunktionen in einer differenzierten Skala unterschiedlicher Vorränge die Regionalplanung die Chance hat, ein eigenständiges Profil zu gewinnen.

5. Rechtlich-instrumentelle Probleme

Das Gesamtkonzept zur Nordwanderung des Steinkohlenbergbaus an der Ruhr geht davon aus, daß die mit konkretisierten Umweltqualitätszielen angereicherten/nachgebesserten Gebietsentwicklungspläne "auch von der Bergbehörde zu beachten" sind. Wie weit die Bindungswirkung eines nach dieser neuen, erweiterten Planungsmethodik um Umweltqualitätsziele angereicherten Gebietsentwicklungsplanes gegenüber dem bergrechtlichen Betriebsplanverfahren wirklich geht, wird die Zukunft zeigen müssen. Dabei wird zwischen einer formal-juristischen Bindungswirkung und einer faktisch-politischen zu unterscheiden sein. Derzeit gibt es Stimmen sowohl von Vertretern des Bergbaus als auch von Vertretern der Aufsichtsbehörden (Bergämter), die diese Bindungswirkung schlicht bezweifeln. Die Feststellung, daß zumindest das Gesamtkonzept keine Bindungswirkung für bergrechtliche Verfahren unmittelbar entfaltet, sondern eher eine politische Wirkung erzielen wird, ist keineswegs als Abwertung zu verstehen, denn die faktische politische Wirkung mag sogar letztlich effizienter sein.

Erst wenn die Umweltqualitätsziele des Gesamtkonzeptes in die Gebietsentwicklungspläne überführt worden sind (s. S. 13), erlangen sie allgemeine Verbindlichkeit nach dem Landesplanungsrecht. Die Feststellung des Gesamtkonzeptes (s. S. 14), wonach die Umweltqualitätsziele erst nach Genehmigung des Gebietsentwicklungsplanes auch für den Bergbau verbindlich werden, scheint den von Naturschützern sehr häufig erhobenen Vorwurf zu bestätigen, daß das geltende Bergrecht (BBergG) aus umweltpolitischer Sicht nur als archaisch bezeichnet werden kann, da offensichtlich auf der Basis dieses Gesetzes von den Bergämtern Umweltbelange kaum in die Abwägung eingestellt zu werden brauchen. Im Zuge der Einführung der EG-Richtlinie zur Umweltverträglichkeitsprüfung wird - wie man hört - auch das Bundesberggesetz novelliert. Ob diese Novellierung sich letztendlich in der Einführung eines Planfeststellungsverfahrens in das Bundesberggesetz niederschlägt oder ob die Umweltverträglichkeitsprüfung als eigenständiges Verfahren eingeführt wird, ist zu diesem Zeitpunkt nicht zu beurteilen.

Eine weitere Möglichkeit der Einflußnahme und Steuerung aus ökologischer Sicht bietet das Landschaftsgesetz Nordrhein-Westfalen. Dieses Gesetz beinhaltet in Analogie zu § 8 BNatSchG in den §§ 4-6 die sogenannte Eingriffsregelung. Diese Eingriffsregelung bietet bei strenger Auslegung bereits heute viele

Möglichkeiten; sie könnte ohne Schwierigkeiten ausgebaut werden, wenn man ein tatsächlich wirksames ökologisches Steuerungsinstrument politisch tatsächlich wollte.

Wenn als Folge der Umsetzung der EG-Richtlinie zur Umweltverträglichkeitsprüfung dieses tatsächlich eingeführt wird, dann stellt sich automatisch das Problem des Beurteilungsmaßstabes/der Meßlatte, um im konkreten Einzelfall die Frage der Umweltverträglichkeit bzw. der Umweltunverträglichkeit beurteilen zu können.

Gerade im Zusammenhang mit der Umweltverträglichkeitsprüfung gewinnen kleinräumlich exakt ausgewiesene und sachlich-inhaltlich genau beschriebene Umweltqualitätsziele eine ganz besondere Bedeutung - sie stellen aus meiner Sicht auf absehbare Zeit methodisch die einzige Möglichkeit dar, der Umweltverträglichkeitsprüfung einen Bewertungsmaßstab an die Hand zu geben. Eine derartige Meßlatte in Form detaillierter Umweltqualitätsziele auf der Basis einer möglichst genauen Kenntnis der vorhandenen landschaftsökologischen Funktionen wird benötigt für:

- Die Bewertung eines Eingriffes
- die Formulierung von Ausgleichs- und Ersatzmaßnahmen
- die Grundsatzfrage der Zulässigkeit.

Die generelle Zulässigkeit einer Maßnahme sollte aus meiner Sicht davon abhängig gemacht werden, ob Eingriffe, die schon nicht ausgleichbar sind, zumindest ersetzt werden können. Ist auch ein Ersatz in räumlicher Entfernung zum Ort des Eingriffes, aber im gleichen Naturraumtyp, nicht möglich, dann müßte die Umweltverträglichkeitsprüfung hier zumindest zu dem eindeutigen Ergebnis kommen, daß die Maßnahme nicht umweltverträglich ist. In der Diskussion um die Umweltverträglichkeitsprüfung wird in diesem Zusammenhang sehr häufig die Forderung erhoben, in einer solchen Situation jede weitere Überlegung bezüglich der Realisierung des geplanten Projektes/der geplanten Maßnahme einzustellen, d.h. der UVP ein absolutes Vetorecht einzuräumen. Diese Forderung halte ich in dieser generellen Form zwar in der Sache für gerechtfertigt, aus taktisch-politischen Gründen jedoch für unklug. Als Folge des in diesem Beitrag geforderten Systems unterschiedlicher Vorränge für die Aufrechterhaltung und Weiterentwicklung ökologischer Funktionen ergibt sich jedoch, daß im Einzelfall eine Umweltverträglichkeitsprüfung zu dem Ergebnis führen kann, daß eine Planung dann einzustellen ist, wenn sie eine als besonders wichtig erkannte und mit hohem Vorrang in einem rechtskräftigen Plan dargestellte Funktion beeinträchtigen wird und diese Beeinträchtigung weder ausgeglichen noch ersetzt werden kann. Dieses macht bereits deutlich, daß es bei der Beurteilung der Schwere eines Eingriffes und der Möglichkeit des Ausgleichs und des Ersatzes sinnvollerweise nur um einen Ausgleich im funktionalen Sinne gehen kann. Diese Forderung nach einem funktionalen Ausgleich ist in anderen Bereichen unseres gesellschaftlichen Lebens längst zu einer Selbstverständlichkeit geworden, was folgender Vergleich von Brocksieper (1986) verdeutlicht. Niemand käme ernsthaft auf die Idee, bei einer auftretenden Störung in einem Wasserwerk zu erwarten, daß das nächstgelegene Kraftwerk dessen Funktion mit übernehmen könnte. Im Bereich von Eingriffen in Natur und Landschaft hört man hingegen häufig, daß z.B. versucht wird, die Beeinträchtigung eines Feuchtbiotopes dadurch zu ersetzen, daß an anderer Stelle ein Trockenrasen geschaffen wird.

6. Zusammenfassung

Der Beitrag geht aus vom "Gesamtkonzept zur Nordwanderung des Steinkohlenbergbaus an der Ruhr" und behandelt speziell die Fragen der Umweltqualitätsziele im Rahmen des Gesamtkonzeptes und der nachfolgenden erweiterten Regionalplanung nach dem vorgesehenen Verfahren. Nach kritischer Würdigung dieser "neuen Planungsmethodik" wird herausgearbeitet, daß nach Meinung des Verfassers nur auf der Basis einer detaillierten landschaftsökologischen Bestandsaufnahme Umweltqualitätsziele erarbeitet werden können, die eine hinreichend genaue Beurteilung potentieller Eingriffe ermöglichen. Geht man einmal davon aus, daß demnächst im Sinne der EG-Richtlinie zur Umweltverträglichkeitsprüfung bergbauliche Projekte einer UVP zu unterziehen sind, dann stellen konkretisierte Umweltqualitätsziele einen sinnvollen und handhabbaren Bewertungsmaßstab dar. Unter Umweltqualitätszielen werden ökologische Funktionen verstanden, die flächendeckend zu erheben, zu bewerten und in einem abgestuften System von Beachtenspflichten möglichst im Gebietsentwicklungsplan darzustellen wären. Dieses Vorgehen wird als Pflichtaufgabe der Regionalplanung verstanden, völlig unabhängig von bergbaulichen oder sonstigen Planungen. Insgesamt bedeutet dies, die zeichnerischen Darstellungsmöglichkeiten des Gebietsentwicklungsplanes durch eine Novellierung der 3. DVO - zumindest im Freiraumbereich - wesentlich zu verbessern. Um eine Überfrachtung des Planes zu vermeiden, sollte künftig das Schwergewicht generell in der Darstellung von Funktionen anstelle von Nutzungen liegen. Die real vorhandenen Nutzungen könnten sehr viel aktueller und informativer in auf Luftbildauswertung gestützten "Karten der Realnutzungen" dargestellt werden, im planerischen Zusammenhang des Gebietsentwicklungsplanes liegt das Hauptinteresse ohnehin auf Nutzungsänderungen und Nutzungsintensivierungen.

Literatur

Bierhals, E. (1985): Zur Bewertung der Leistungsfähigkeit des Naturhaushaltes - Diskrepanzen zwischen theoretischen Ansätzen und praktischer Handhabung. In: Institut für Städtebau Berlin der Deutschen Akademie für Städtebau und Landesplanung (Hrsg.): Eingriffe in Natur und Landschaft durch Fachplanungen und private Vorhaben, S. 112-135.

Bierhals, E.; H. Kiemstedt und S. Panteleit (1986): Gutachten zur Erarbeitung der Grundlagen des Landschaftsplanes in Nordrhein-Westfalen - entwickelt am Beispiel "Dorstener Ebene". In: MURL (Hrsg.): Naturschutz und Landschaftspflege in Nordrhein-Westfalen.

Finke, L. (1985): Die Nordwanderung des Steinkohlenbergbaus - Probleme aus der Sicht einer künftig stärker ökologisch ausgerichteten Landes- und Regionalplanung. In: Natur- und Landschaftskunde, 21, S. 79-82.

Finke, L. (1986): Landschaftsökologie, 206 S., Braunschweig.

Finke, L. (1987): Ökologische Potentiale als Element der Flächenhaushaltspolitik. In: FuS, Bd. 173, S. 203-229.

Geyer, Th. (1987): Regionale Vorrangkonzepte für Freiraumfunktionen - Methodische Fundierung und planungspraktische Umsetzung. In: Werkstattbericht Nr. 13, Regional- und Landesplanung, Universität Kaiserslautern.

Langer, H.; Chr. v. Haaren und A. Hoppenstedt (1985): Ökologische Landschaftsfunktionen als Planungsgrundlage. In: Landschaft + Stadt, Nr. 17, S. 1-9.

LÖLF (Landesanstalt für Ökologie, Landschaftsentwicklung und Forstplanung NW) (1985): Ökologie-Konzept zur Nordwanderung des Steinkohlenbergbaus.

Lowinski, H. (1986): Diskussionsbeitrag auf der 37. Sitzung der LAG NW der ARL zum Themenkomplex "Stadtökologie und Regionalplanung"; s. Niederschrift zu dieser Sitzung, S. 9.

LWA (Landesamt für Wasser und Abfall NW) (1986): Wasserwirtschaftliche Konzeption zur Nordwanderung des Steinkohlenbergbaus. In: LWA-Materialien Nr. 1/86.

Minister für Landes- und Stadtentwicklung: Konzeption einer Stadtökologie. MLS informiert, Heft 4, 1985.

MURL (Minister für Umwelt, Raumordnung und Landwirtschaft des Landes Nordrhein-Westfalen) (Hrsg./1985): Nordwanderung des Steinkohlenbergbaus an der Ruhr. Anhörung am 5. und 6. September 1985 beim MURL - Wortprotokoll; Düsseldorf, Oktober 1985.

MURL (Minister für Umwelt, Raumordnung und Landwirtschaft des Landes Nordrhein-Westfalen) (Hrsg.): Gesamtkonzept zur Nordwanderung des Steinkohlenbergbaus an der Ruhr, Januar 1986.

Rödel, E. (1986): Regionalplanung in Nordrhein-Westfalen: ILS-Schriftenreihe, Band 1.042.

Schmidt, A. (1988): Integration der Landschaftsplanung in die Regionalplanung als Mittel zur Verbesserung der Umweltbedingungen am Beispiel Nordrhein-Westfalen, erscheint in: ARL-Veröffentlichung.

TRENT (Forschungsgruppe Trent-Umwelt a.d. Universität Dortmund) (1985): Umweltschonende Bergbaunordwanderung. Untersuchung für die RAG-Ruhrkohle AG, Essen.

Anlage 1: Katalog der Bestandserhebung und der vorzulegenden Projektunterlagen

1. Bestandsaufnahme

    1.1 Realnutzungen
        1.11 Schutzgebiete
        1.12 Wald
        1.13 Landwirtschaft
        1.14 Bebauungsflächen
        1.15 Abgrabungen
        1.16 Gewässerbenutzung
        1.17 Abfallbeseitigung
        1.18 Erholungsgebiete
    1.2 Naturhaushalt
        1.21 Geologie/Geomorphologie
        1.21 Boden
        1.23 Hydrogeologie (Grund- und Oberflächenwasser)
        1.24 Klima/Luft
        1.25 Naturschutzgebiete
        1.26 Schutzwürdige Biotope
        1.27 Grundwasserabhängige, -geprägte, -beeinflußte Bereiche
        1.28 Naturnahe Fließ- und Stillgewässer
        1.29 Ökologisch bedeutsame Waldbereiche
        1.210 Freiräume mit besonderer Bedeutung für eine landschaftsgebundene, stille Erholung
    1.3 Landschaftsbild
    1.4 Denkmalschutz und Denkmalpflege
        1.41 Baudenkmäler
        1.42 Ortsfeste Bodendenkmäler
        1.43 Denkmalbereiche
        1.44 Historische Ortskerne
    1.5 Zusammenstellung der im Rahmen der Exploration und sonstiger Erkundungen gewonnenen Erkenntnisse über die anstehenden Lagerstätten und Deckgebirge

2. Projektunterlagen
    2.1 Obertägige Anlagen
        2.11 Schachtanlage
            2.111 Festlegung des Schachttypes nach seiner Funktion als Förder-, Seilfahrt-, Material- oder Wetterschacht
            2.112 Baubeschreibung einschließlich Flächenbedarf
            2.113 Verkehrsanbindung
                - Schiene
                - Straße
                - Wasserstraße
            2.114 Versorgung
                - Energie
                - Brauch-/Trinkwasser
                - Betriebsstoffe (flüssig, fest)
            2.115 Entsorgung
                - Abwasserbeseitigung (Beschaffenheit u. Verbleib von Gruben- u. Betriebsabwässern; Verbleib von Grubenschlämmen; Abwasserkanäle)
                - Verbleib von Teufbergen
            2.116 Emissionen (Quellenangabe, Voraussagen)
            2.117 Transmissionen u. Immissionen (Lärm, Gase, Stäube, Flüssigkeiten, Schwermetalle, diverse Chemikalien, insbesondere PCB)
        2.12 Nebenanlagen
            2.121 Bauwerke (Baubeschreibungen einschließlich Flächenbedarf)
            2.122 Materiallagerplätze
            2.123 Lagerplätze für flüssige und gasförmige Brennstoffe
            2.124 Kohlelagerplätze
            2.125 Energieerzeugungsanlagen
            2.126 Entschlammungsteiche
            2.127 Kläranlagen
            2.128 Verkehrsanlagen
            2.129 Umladestationen
            2.1210 Pipelines
            2.1211 Hochspannungsleitungen
            2.1212 Versorgung der Nebenanlagen
            2.1213 Entsorgung der Nebenanlagen
    2.2 Bergbaubezogene Folgeindustrie-Zulieferbetriebe (nach den Quantitätszielen des Gesamtkonzeptes bis zum Jahre 2005 nicht relevant)
        2.21 Kraftwerke

- 2.22 Petrochemische Werke
- 2.23 Übrige Kohleverarbeitungsbetriebe
- 2.24 Bergbaubedingte Zulieferbetriebe
- 2.25 Versorgung
- 2.26 Entsorgung
- 2.3 Bergbauarbeiterwohnungsbau (nach den Quantitätszielen des Gesamtkonzeptes bis zum Jahre 2005 nicht relevant)
    - 2.31 Bergbaueigene Bauvorhaben
        - 2.311 Flächenbedarf
        - 2.312 Standortangaben
    - 2.32 Förderungsmaßnahmen für die indirekte Wohnraumbeschaffung
    - 2.33 Verkehrserschließung
    - 2.34 Versorgungseinrichtungen
    - 2.35 Übrige Infrastruktur
- 2.4 Bergehalden (nach den Quantitätszielen des Gesamtkonzeptes zumindest bis zum Jahre 2005 nicht relevant)
    - 2.41 Flächenbedarf
    - 2.42 Zeitplanung
    - 2.43 Erschließung
    - 2.44 Bergematerialbeschaffenheit
    - 2.45 Immissionsvoraussagen
        - 2.451 Belastungen des Wasserhaushaltes
        - 2.452 Belastungen der Luft
    - 2.46 Folgenutzung
- 2.5 Einwirkungen des untertägigen Abbaus
    - 2.51 Prognose der bergbaulichen Einwirkungsbereiche mit Tendenzaussagen für einen überschaubaren weiteren Abbauzeitraum
    - 2.52 Zeitlicher Verlauf von bergbaulichen Einwirkungsbereichen
    - 2.53 Zu erwartende Bergsenkungsbeträge
    - 2.54 Angaben über Vorsorgemaßnahmen gegen Bergsenkungen bzw. Bergschäden
        - 2.541 Versatz
        - 2.542 Besondere Sicherungsmaßnahmen
    - 2.55 Maßnahmen zur Bewältigung/Minderung von Folgewirkungen der Bergsenkungen
- 2.6 Oberflächenwasserhaushalt
    - 2.61 Darstellung der bestehenden Wasserläufe
    - 2.62 Erarbeitung von Längsschnitten der Gewässer im Abbaugebiet
    - 2.63 Simulation des bergbaulich beeinflußten Abflußgeschehens im Bergsenkungsgebiet mittels Niederschlag-/Abfluß-Modellen
    - 2.64 Beeinflussung der Gewässergüte
- 2.7 Grundwasserhaushalt
    - 2.71 Darstellung der geologisch-hydrogeologischen Verhältnisse in Form von Kartendarstellungen, geologischen Schnitten und Bohrprofilen, unter Einbeziehung der Erkenntnisse der Explorationsbohrungen und der Bohrungen zur Erkundung des Baugrundes für die Schachtbauwerke
    - 2.72 Darstellung der Hydrochemie, Stockwerksgliederung und Grundwassergüte
    - 2.73 Simulation des beeinflußten Grundwasserhaushaltes unter Berücksichtigung der Bergsenkungen mittels mathematischer Grundwassermodelle
    - 2.74 Beeinflussung der Gewässergüte
- 2.8 Denkmalschutz
    Simulation der bergbaulichen Einflüsse auf wasserbautechnische Anlagen, die unter Denkmalschutz stehen.

Anlage 2: Katalog der regionalplanerisch zugänglichen Sachbereiche für Zielbestimmungen

1. Hinweise zur Prüfung der bergbaulichen Auswirkungen auf Raumstruktur und Umwelt in der Regionalplanung

    1.1 Darstellung der zu erwartenden Auswirkungen der bergbaulichen Gesamtplanungen (Standortplanung und generelle Abbauplanung) bezogen auf die Abbauzeit mit Tendenzaussagen auf die Abbauzeit mit Tendenzaussagen für einen weiteren überschaubaren Abbauzeitraum

    1.2 Darstellung des zu erwartenden Nachzugs von Folgeindustrien und Gewerbe sowie des zu erwartenden Bedarfs an Wohnsiedlungsfläche

    1.3 Darstellung der zu erwartenden mittelbar mit der Bergbaunutzung verbundenen Infrastruktur

    1.4 Darstellung der analysierten Auswirkungen des bergbaulichen Projekts und seiner Folgen in räumlicher, zeitlicher, qualitativer und quantitativer Hinsicht

    1.5 Darstellung von Bereichen, die aus ökologischer oder wasserhaushaltlicher Sicht durch besondere Sicherungsmaßnahmen vor den Folgewirkungen des Bergbaus zu schützen sind

    1.6 Vorlage eines Biotopmanagementkonzepts durch den Verursacher unter Beteiligung der fachlich zuständigen Dienststellen mit den Zielen:

        1.61 Sicherung und Entwicklung eines ökologisch intakten Biotop- und Landschaftsgefüges
        1.62 Minderung der Folgewirkungen durch Ausgleichs- und Ersatzmaßnahmen

    1.7 Darstellung der Bau- und Bodendenkmäler, Denkmalbereiche und historischen Ortskerne, die durch besondere Sicherungsmaßnahmen vor Folgewirkungen des Bergbaus zu schützen sind.

2. Sachbereiche, für die Quantitäts- und Qualitätsziele in der Regionalplanung formuliert werden sollen, die den Entwicklungsrahmen für den Bergbau vorgeben

    2.1 Siedlung
    2.2 Freiraum
    2.3 Verkehr
    2.4 Immissionen
    2.5 Natur
    2.6 Landschaft einschließlich kulturräumlicher Besonderheiten
    2.7 Denkmalschutz und Denkmalpflege
    2.8 Wasser
    2.9 Abfallbeseitigung einschließlich Bergehalden
    2.10 Standortplanung für standortgebundene Anlagen und Erschließungsmaßnahmen

AGRAR- UND UMWELTPOLITISCHE RAHMENBEDINGUNGEN UND IHR EINFLUSS AUF DIE LANDNUTZUNG IN RÄUMEN UND BETRIEBEN

von
Günther Steffen, Bonn

Gliederung

1. Problemstellung

2. Kennzeichnung verschiedener agrar- und umweltpolitischer Konzepte zur Verbesserung der Markt- und Umweltsituation

    2.1 Einzelmaßnahmen mit starker ökologischer Ausrichtung oder Marktentlastung
    2.2 Kombination verschiedener Politikmaßnahmen

3. Auswirkungen der Politikmaßnahmen auf Räume und Betriebe verschiedener Standorte

    3.1 Beziehungen zwischen Raum- und einzelbetrieblicher Planung
    3.2 Überlegungen zur zukünftigen Ausrichtung von ländlichen Räumen

        3.2.1 Begriff der Extensivierung und ihre Wirkungen

            3.2.1.1 Betriebliche Ebene
            3.2.1.2 Raumebene

        3.2.2 Entwicklung von Räumen mit verschiedenen ökologischen Aufgaben

            3.2.2.1 Räume mit vorrangiger Agrarproduktion
            3.2.2.2 Räume mit Vorrangfunktionen für ökologische Aufgaben

        3.2.3 Organisationsformen des Flächenangebotes und der Bewirtschaftung für ökologische Leistungen

        3.2.4 Auswirkungen auf die Ausrichtung der Raumplanung

4. Zusammenfassung

Literatur

1. Problemstellung

Zur Lösung des Agrarüberschußproblems sowie der Probleme im Bereich der Ökologie werden verschiedene agrar- und umweltpolitische Konzepte diskutiert. Die eine Gruppe von Maßnahmen ist vorrangig ökologisch, die andere stärker marktentlastend orientiert. Der Raumplaner sowie der einzelne Landwirt stehen vor dem Problem, die Wirkungen dieser Politikmaßnahmen abzuschätzen und in ihre Entscheidungen einzubeziehen.

Die Kenntnis zukünftiger Politikmaßnahmen ist eine wesentliche Voraussetzung für die Beurteilung von Veränderungen im ländlichen Raum. Eine Änderung der Intensität der Flächen- und Tiernutzung mit Wirkung auf das Angebot und die Umweltbelastung sowie das Einkommen beeinflussen ebenso maßgeblich die Erwerbs- und Einkommensstruktur der ländlichen Räume wie eine dauernde Herausnahme von Flächen aus der Lebensmittelproduktion und ihre Umwandlung in ökologische Ausgleichsflächen sowie Forstflächen.

Alle geplanten Maßnahmen sind in ihrer Wirksamkeit maßgeblich abhängig von der Mitwirkung der Landwirte. Dies gelingt im wesentlichen nur dann, wenn bessere Informationen vorliegen, die den Landwirt veranlassen, Umweltwerte in seine betrieblichen Entscheidungen mit einzubeziehen. Primär bei der Anlage von Naturschutz- und Wassereinzugsgebieten ergeben sich Konflikte, die die Verinnerlichung erschweren.

Aus diesen Überlegungen ergeben sich folgende Probleme:

- Die Landesplanung benötigt Informationen über sektorale und einzelbetriebliche Veränderungen, die durch agrar- und umweltpolitische Entscheidungen ausgelöst werden.
- Eine wirkungsvolle Umweltpolitik ist auf das Mitwirken des Landwirtes angewiesen. Aus diesem Grunde ist es notwendig, getroffene Maßnahmen stärker hinsichtlich ihrer Integration in den Entscheidungsprozeß des Landwirts zu betrachten.

2. Kennzeichnung verschiedener agrar- und umweltpolitischer Konzepte zur Verbesserung der Markt- und Umweltsituation

In der agrarpolitischen Diskussion werden verschiedene Konzepte zur Umwelt- und Marktentlastung besprochen (Tab. 1):

- eine stärker ökologisch ausgerichtete Agrarpolitik, die durch eine globale Einführung einer Umweltsteuer für Betriebsmittel zur Umwelt- und Marktentlastung gekennzeichnet ist,

- eine stark ökonomisch ausgerichtete Politik, in deren Mittelpunkt der Marktmechanismus mit Produktpreissenkungen und Mengenveränderungen steht.

Beide Konzepte werden jeweils mit verschiedenen Ergänzungsprogrammen zur Marktentlastung, Umweltschonung sowie Einkommensverbesserung ausgestattet.

Tab. 1: Kombination verschiedener Politikmaßnahmen auf Sektorebene

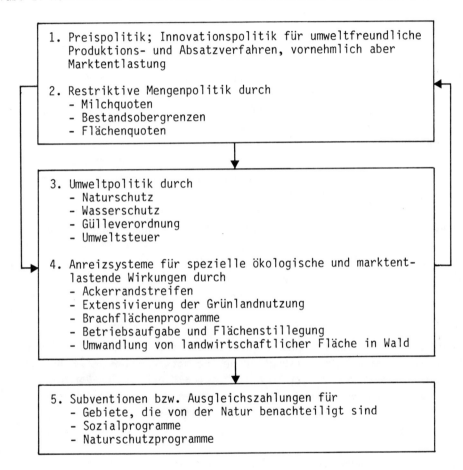

2.1 Einzelmaßnahmen mit starker ökologischer Ausrichtung oder Marktentlastung

Das zentrale Element einer ökologisch ausgerichteten Agrarpolitik stellt eine Umweltsteuer auf Betriebsmittel dar, die eine kräftige Erhöhung des Stickstoffpreises durch eine Steuer vorsieht mit der Konsequenz einer Reduzierung der einzelbetrieblichen Nachfrage nach Handelsdünger und Pflanzenbehandlungsmitteln. Die dabei auftretenden Einkommensrückgänge sollen in Abhängigkeit von Struktur und einkommenspolitischen Überlegungen in unterschiedlicher Höhe durch Transferzahlungen ausgeglichen werden (7, 13).

Ein weiteres Element eines primär umweltorientierten Konzeptes stellt die Erhaltung kleiner Betriebe dar als Teil einer sozialverträglichen Umweltpolitik. Von den kleinflächigen Betrieben wird bei alternativer Produktionsweise ein höherer Produktpreis angestrebt. Ähnliche Effekte werden durch preispolitische Maßnahmen verfolgt, die in Umkehrung bisheriger marktwirtschaftlicher Gesetze höhere Produktpreise (Einkommen/Produkteinheit) für kleine Angebotsmengen erreichen.

Die Vorteile dieses Instruments - hohe Umwelt- und Marktentlastung, allerdings bei hoher N-Steuer - sind in Einklang zu bringen mit der Notwendigkeit einer EG-weiten Annahme. Bei nationaler Anwendung der Umweltsteuer wäre eine einseitige Wettbewerbsverschlechterung der bundesdeutschen Landwirtschaft die Folge.

Bei Abwägen der Vor- und Nachteile wird sich die Umweltsteuer nicht durchsetzen lassen. Dagegen ist davon auszugehen, daß eine Begrenzung des Stickstoffeinsatzes auf ökologischen Vorranggebieten (Naturschutz- und Wassereinzugsgebieten) an Bedeutung gewinnt.

Das zweite Konzept ist stärker produktpreisorientiert. Durch eine Produktpreissenkung wird schon jetzt versucht, eine Angebotsreduzierung zu erreichen, deren schwacher Effekt dazu führt, daß Quotenregelungen als notwendige Ergänzungen zur Marktentlastung erforderlich wurden. Die nicht ausreichende Marktentlastung durch Absatzquoten veranlaßt die Politiker, weitere dirigistische Maßnahmen in Form von Flächenstillegungen und Extensivierungsprogrammen zu entwickeln.

2.2 Kombination verschiedener Politikmaßnahmen

Die Vor- und Nachteile der stärker faktor- oder produktpreisorientierten Konzepte werden z.Z. lebhaft diskutiert (5, 11,12, 13). Man hat den Eindruck, daß sich in diesem Abwägungsprozeß die Extreme politisch nicht durchsetzen lassen. Es wird vielmehr eine Kombination verschiedener Elemente bevorzugt, und zwar eine Betonung der Produktpreispolitik in Kombination mit Marktentlastungsprogrammen und ein Zurückdrängen der Umweltsteuer (s. Tab. 1).

Innerhalb des stärker auf den Produktpreis ausgerichteten Konzeptes zur Reduzierung des Angebotes hat der Preis eine unterschiedliche Bedeutung. Im einen Fall sind die Maßnahmen primär auf die Verbesserung der Funktionsfähigkeit des Preises ausgerichtet mit dem Ziel, über den Preismechanismus und ergänzende sozialpolitische Maßnahmen zu einer Verbesserung der finanziellen und sozialen Situation zu gelangen (6).

Das zweite Maßnahmenbündel betont stärker Maßnahmen zum Abbau von Marktüberschüssen durch Verringerung der Faktormengen und den Schutz des derzeitigen Familienbetriebes. Eine Verlangsamung des Tempos des Strukturwandels zur Vermeidung von sozialpolitischen Härten ist die Folge.

Die bisherigen politischen Entscheidungen erwecken nicht den Eindruck, daß diese Pläne in sehr konsequenter Form verwirklicht werden. Die Politik neigt vielmehr zu Kompromissen mit kurzfristiger Problemlösung. Sozialpolitische Aspekte stehen stark im Vordergrund unabhängig von der langfristigen Finanzierbarkeit und Wettbewerbsfähigkeit landwirtschaftlicher Unternehmen.

Aufgrund der begrenzten regionalen ökologischen Wirkungen dieser Preis- und Quotenregelungen sind zusätzliche umweltpolitische Instrumente notwendig, um betriebliche Entscheidungen stärker auf Natur- und Wasserschutz auszurichten. Dazu rechnen:

1. Maßnahmen zur Förderung der umweltschonenden Agrarproduktion durch die Entwicklung entsprechender Technologien im Bereich von Produktion, Absatz und Unternehmensführung, wobei das letztgenannte Maßnahmenbündel ganz entscheidend zur Bewußtseinsbildung und damit zur Verinnerlichung von Umweltwerten beitragen kann.

2. In Verbindung damit sind restriktive Vorgaben für eine umweltorientierte Agrarproduktion in Form von ökologischen Sonderprogrammen in verschiedenen Räumen notwendig. In diesem Zusammenhang sind zu nennen:

   - das Ausweisen von Naturschutzgebieten,
   - das Ausweisen von Wassereinzugsgebieten,
   - ein Verbot von höheren Handelsdüngermengen zur Erhaltung von speziellen Biotopen, primär auf dem Grünland.

Bei diesen Maßnahmen hat eindeutig die Ökologie Vorrang vor der Agrarproduktion. Umweltmaßnahmen sollten so weit wie möglich standortspezifisch sein, um den ökologischen Bedingungen des Naturschutzes und des Wassereinzugs gerecht zu werden.

Insgesamt gesehen stellen die verschiedenen Politikmaßnahmen in ihrer Wirkung auf Betriebe und Räume ein komplexes System mit hoher Interdependenz dar. U.a. müssen Umwelt- und Marktentlastungsmaßnahmen in enger Verbindung miteinander gesehen werden, um mit verschiedenen Maßnahmen gleichgerichtete Wirkungen in verschiedenen Bereichen zu erzielen.

3. Auswirkungen der Politikmaßnahmen auf Räume und Betriebe verschiedener Standorte

3.1 Beziehungen zwischen Raum- und einzelbetrieblicher Planung

Die genannten agrar- und umweltpolitischen Maßnahmen, die für den Sektor Gültigkeit haben, wirken auf kleinere Raumeinheiten, die sich aus der Aggregation einzelner Betriebe zusammensetzen. Für die Beurteilung der Agrar- und Umweltpolitik ist es notwendig, den Zusammenhang zwischen raumbezogenen Maßnahmen und ihren Auswirkungen auf den Einzelbetrieb näher zu verdeutlichen.

Der Bundespolitiker auf der Sektorebene steht vor der Frage zu beurteilen, welche Maßnahmen sinnvoll sind, um ganz bestimmte Ziele für verschiedene Räume zu erreichen. Zusätzlich sind die direkt auf die Raumeinheit wirkenden Maßnahmen zu betrachten, die von den Ländern oder den Kommunen erlassen werden.

Die Ebene des Raumes und des Einzelbetriebes ist im Zusammenhang zu sehen. So beeinflussen die Ergebnisse des Einzelbetriebes die Zielfunktion des Politikers, der seinerseits unter dem Einfluß betrieblicher Entscheidungen seine Entscheidungen über Umwelt- und agrarpolitische Gesetze fällt (3).

Die Raum- und Fachplanung auf dem Gebiet der Ökologie erhofft sich eine Wirkung von oben. Gleichzeitig ist es notwendig, daß der einzelne Landwirt die Möglichkeit erhält, seinen Beitrag zur Vernetzung innerhalb seines Betriebes in Verbindung zu sehen mit den Vernetzungskonzepten seines Nachbarn. Damit wird eine Wirkung von unten angestrebt. Nur auf diese Weise gelingt es, eine Verbindung zwischen der kleinräumigen Planung eines Betriebes und eine überbetriebliche Konzeption zu finden.

An die Vernetzung werden dabei relativ hohe Ansprüche gestellt, da verschiedene ökonomische und soziale Systeme miteinander verknüpft werden müssen. Im ökologischen Bereich sind Boden-Wasser-Pflanze-Systeme in Verbindung mit der Atmosphäre zu sehen. Die Umweltplanung muß anstreben, diese verschiedenen Subsysteme in ihren Wechselbeziehungen zu erfassen; eine Aufgabe, die bisher aufgrund begrenzten Wissens nur sehr unvollkommen zu bewältigen ist. Aus dieser Wechselbeziehung ergibt sich die Notwendigkeit eines ständigen und intensiven Dialogs zwischen der Ebene des Landwirtes, des Raumplaners und des Politikers.

Anhand eines Beispiels aus dem Bereich der Wasserwirtschaft soll die oft konfliktäre Situation verdeutlicht werden. Bei der Gestaltung wasserwirtschaftlicher Regelungen steht der Staat vor dem Problem zu beurteilen, ob bei der Nutzung des knappen Gutes der Landwirt als Mitnutzer, möglicherweise auch als Verschmutzer, oder die Wasserwerke, also die Verbraucher, als Nachfrager von Wasser Vorrang besitzen.

Geht man von dem Ansatz aus, daß die Reinhaltung des Wassers gegenüber einer technisch möglichen späteren Reinigung einen Vorzug besitzt, so ist primär der Landwirt als Bewirtschafter der Wassergewinnungsflächen angesprochen, sauberes Grundwasser zu erhalten. Auf der anderen Seite darf das Verfahren jedoch nicht dazu führen, daß nicht auch der Verbraucher einen Preis für sauberes Wasser zu zahlen hat. Der Wasserzins ist ein Instrument, das das Angebot von sauberem Wasser durch Zahlungen der Wasserwerke über die Gemeinde an den Landwirt fördern soll.

Realisierbar ist dieses Vorhaben durch die Gemeinde jedoch nur dann, wenn zwischen den Landwirten als Anbieter von Wasser und den Gemeinden als Nachfrager keine Zielkonflikte bestehen. Andernfalls besteht die Gefahr, daß der Wasserzins zur Zahlung von Entschädigungen an Landwirte verwandt wird ohne unmittelbare Prüfung, ob der Landwirt sauberes oder belastetes Wasser produziert.

3.2 Überlegungen zur zukünftigen Ausrichtung von ländlichen Räumen

3.2.1 Begriff der Extensivierung und ihre Wirkungen

Ein wesentliches Merkmal der diskutierten umweltpolitischen Maßnahmen besteht in einer Reduzierung des Betriebsmitteleinsatzes/ Fläche bei gleichzeitiger Erweiterung der Zahl der Pflanzen in einer Fruchtfolge. Im allgemeinen Sprachgebrauch wird in dem Zusammenhang von einer Extensivierung gesprochen. Zur Klärung dieses Begriffes erscheint es sinnvoll, ihn sowohl auf betrieblicher Ebene als auch auf der Ebene von Gemeinden, Kreisen und größeren Gebietseinheiten primär für die land- und forstwirtschaftliche Nutzung zu diskutieren.

3.2.1.1 Betriebliche Ebene

In der Betriebswirtschaftslehre wird der Begriff extensiv und intensiv durch Faktorrelationen gekennzeichnet. Dabei werden ein oder mehrere Produktionsfaktoren auf einen oder mehrere knappe Faktoren bezogen. Auf der mehrbetrieblichen Ebene im Rahmen von Gemeinden, Kreisen und größeren Gebietseinheiten kommt es zu einer Aggregation von Betrieben und damit zu den gleichen Kennwerten wie auf betrieblicher Ebene, soweit es die land- und forstwirtschaftliche Nutzung betrifft.

Das Geld (DM) kann für den Ankauf von kurzlebigen Wirtschaftsgütern (Handelsdünger, Pflanzenbehandlungsmittel, Energie, Futtermittel) eingesetzt werden, aber auch für die Beschaffung von langlebigen Wirtschaftsgütern in Form von Gebäuden und Maschinen. Beide Güterarten müssen bei der Berechnung von Intensitäten und Extensitäten erfaßt werden.

Intensitäten in der pflanzlichen und tierischen Produktion sind in Verbindung miteinander zu sehen. Primär im Futterbau mit einem geschlossenen System, in dem keine Futtermittel zugekauft werden, ist dieser Zusammenhang zu beobachten. Dies bedeutet, daß in geschlossenen Systemen bei einer geringen Handelsdüngerintensität/ha Futterfläche mit geringem Ertrag/ha nur eine geringe Tierbestandsdichte/ha LF möglich ist. Darüber hinaus besteht ein Zusammenhang zwischen der Qualität des produzierten Futters und der Leistung der Tiere in der Zeiteinheit. Eine Reduzierung der Handelsdüngerintensität hat damit zwangsläufig eine Verminderung des Futteraufwandes in der tierischen Produktion zur Folge.

In offenen Systemen mit der Möglichkeit des Futterzukaufes kann eine Reduzierung der Handelsdüngerintensität auf dem Grünland durch den Zukauf von energiereichem und eiweißreichem Futter ausgeglichen werden. Allerdings werden dann dem Nährstoffkreislauf von außen durch die vermehrt anfallenden tierischen Exkremente zusätzliche Nährstoffmengen zugeführt, die bei nicht entsprechendem Entzug durch die Pflanze und/oder dem Verkauf von Nährstoffen zu einer Vermehrung im Grundwasser führen können.

In Tabelle 2a "Intensitätsmaßstäbe auf betrieblicher Ebene" sind die Produktionsfaktoren dargestellt, die der Einkommenserzielung dienen, aber auch den Umweltfaktoren, die zu einer Lieferung von Umweltleistungen beitragen. Die spezielle Produktionsintensität kennzeichnet die Faktorrelationen für ein einzelnes Produktionsverfahren, die betriebliche Intensität dagegen erfaßt die Faktorrelationen des Gesamtunternehmens.

Die pflanzliche Produktion konventioneller Betriebe ist durch einen hohen Einsatz industrieller Vorleistungen in DM/ha LF bei Auswahl weniger Früchte

Tab. 2: Maßstäbe zur Beurteilung der Intensität im Bereich der land- und forstwirtschaftlichen Flächen

a) auf betrieblicher Ebene

Produktions-bereich	Produktionsfaktoren		Umweltfaktoren	
	Spezielle Intensität	Betriebs-intensität	Spezielle Umweltintensität	Betriebliche Umweltintensität
1. Pflanzliche Produktion	$\dfrac{AKh}{ha\ AF}$	$\dfrac{AK}{LF}$	$\dfrac{DM\ Pfl.\text{-}Schutz}{ha\ AF}$	$\dfrac{Grünbrache}{LF}$
	$\dfrac{DM}{ha\ AF}$	$\dfrac{DM}{LF}$	$\dfrac{DM\ N}{ha\ AF}$	$\dfrac{ökol.\ Ausgleichsfl.}{LF}$
2. Tierische Produktion	$\dfrac{AKh}{Tier}$	$\dfrac{AK}{GV}$	$\dfrac{Exkremente}{Tier}$	$\dfrac{GV}{m^2\ Stallfläche}$
	$\dfrac{DM}{Tier}$	$\dfrac{DM}{GV}$	$\dfrac{Kraftfutter}{Tier}$	$\dfrac{Kuhzahl}{Weidefläche}$

b) auf der Raumebene

Produktions-bereich	Produktionsfaktoren				Umweltfaktoren			
	Produktionsintensität auf der				Umweltintensität auf der			
	luf-Fläche		Katasterfläche		luf-Fläche		Katasterfläche	
	$\dfrac{AK}{Ges.LuF}$	$\dfrac{AK}{Ges.GV}$	$\dfrac{Ges.LF}{Katasterfl.}$	$\dfrac{Ges.LuF}{Katasterfl.}$	$\dfrac{Landschpfl.Elemente}{LuF}$		$\dfrac{Extensivfläche\ d.\ LuF}{Katasterfläche}$	
	$\dfrac{DM}{Ges.LuF.}$	$\dfrac{DM}{Ges.GV}$	$\dfrac{Ges.Gewäfl.}{Katasterfl.}$	$\dfrac{Ges.LuF}{Katasterfl.}$	$\dfrac{Naturschutzfläche}{LuF}$		$\dfrac{AKh\ f.Landschpfl.d.LuF}{Katasterfläche}$	
					$\dfrac{H_2O\text{-}Einzugsgebiet}{Luft}$		$\dfrac{DM\ Transferzahl.f.LuF}{Katasterfläche}$	

gekennzeichnet. Hinzu kommt ein geringer AK-Besatz, bezogen auf den Produktionsfaktor Boden. In der tierischen Erzeugung ergeben sich ähnliche Kriterien, wobei allerdings hier die wesentlichsten Produktionsfaktoren Arbeit und industrielle Vorleistungen, gemessen in DM, auf die Tiere bezogen werden.

Bei den Umweltfaktoren läßt sich die spezielle Umweltintensität auf der Ebene der pflanzlichen Produktion durch die Beziehungen zwischen Geldmenge für Pflanzenbehandlungsmittel bzw. Stickstoffmengen/ha Ackerfläche und auf der Tierproduktionsebene durch die Beziehungen zwischen Zukaufsfutter/Tier bzw. Exkrementmenge/Tier kennzeichnen.

Auf betrieblicher Ebene kann die Relation zwischen Grünbrache und landwirtschaftlicher Nutzfläche zur Beschreibung der betrieblichen Umweltintensität dienen. In der Tierproduktion kann über die Umweltintensität etwas ausgesagt werden, wenn man die Kuhzahl/ha Weidefläche oder Schweinezahl/ha Güllefläche nennt.

3.2.1.2 Raumebene

Der Begriff der Intensivierung und Extensivierung ist von der betrieblichen Ebene auf die Raumebene zu übertragen, wenn die Intensität der Lebensmittelproduktion bzw. des Angebotes an ökologischen Leistungen im Raum gekennzeichnet werden soll. In Tab. 2b sind Intensitätsmaßstäbe in bezug auf die land- und forstwirtschaftliche Nutzung der Katasterflächen aufgeführt. Die genannten Begriffsinhalte können nur den ökologischen Zustand beschreiben mit positiver Ausrichtung auf einzelne Umweltkomponenten.

Die Produktionsintensität auf den landwirtschaftlichen Flächen wird durch die gleichen Kennwerte gekennzeichnet, die auf der betrieblichen Ebene angeführt sind. Arbeitskräfte oder Betriebsmittel werden auf die land- und forstwirtschaftliche Nutzfläche des Raumes bezogen. Ähnliche Relationen lassen sich für die Tierhaltung mit dem Kennwert GV/ha LF errechnen.

Eine Erweiterung findet der Begriff, wenn die verschiedenen Elemente der Land- und Forstwirtschaft auf die Katasterfläche bezogen werden. Relationen zwischen landwirtschaftlicher und forstwirtschaftlicher Fläche sowie Gewässerfläche einerseits und der Katasterfläche andererseits lassen sich dann herstellen, wenn man eine Information über die Bedeutung der Flächennutzung durch die Landwirtschaft geben will.

Aussagen über die Umweltintensität sind ebenfalls für den Bereich der land- und forstwirtschaftlichen Flächen des Raumes zu erarbeiten. Eine hohe Umweltintensität liegt z.B. dann vor, wenn ein relativ hoher Flächenanteil für landschaftspflegerische Elemente, Naturschutzflächen bzw. Wassereinzugsgebiete zur land- und forstwirtschaftlichen Nutzfläche in Relation steht.

Im Zusammenhang mit der Katasterfläche sind ähnliche Relationen herzustellen. Ein Raum mit einem hohen Anteil an Extensivflächen der Land- und Forstwirtschaft, bezogen auf die Katasterfläche, ist als umweltintensiv zu bezeichnen. Das gleiche trifft für die Relation des Arbeitseinsatzes für die Landschaftspflege aus der Land- und Forstwirtschaft bzw. den DM-Transferzahlungen für landwirtschaftliche Betriebe in Relation zur Katasterfläche zu.

Diese Faktorrelationen finden eine Erweiterung, wenn die offenen Katasterflächen in Relation gesetzt werden zur Verkehrsfläche bzw. zu den Flächen, die der Wohnbebauung bzw. der Bebauung durch Industrieanlagen dienen.

Diesen stärker einkommensorientierten Maßstäben stehen Intensitätsbegriffe mit ökologischem Inhalt gegenüber. Von einer hohen ökologischen Intensität kann man dann sprechen, wenn hohe Geldmengen für Ausgleichsbiotope/ha bebauter Fläche ausgegeben werden bzw. wenn relativ hohe Geldmengen für die Wasserentsorgung auf die bebaute Fläche oder je Einwohner ermittelt werden.

Bei der Berechnung raumbezogener Umweltkoeffizienten ergibt sich eine Reihe von Problemen: Räume sind nicht homogen hinsichtlich ihrer ökologischen Leistung bzw. Belastung. In einer Gemeinde können Betriebe mit hohen Anteilen an landschaftspflegerischen Elementen oder extensiv genutzten Flächen neben einem Betrieb liegen, der eine hohe Tierzahl je ha LF besitzt. Ein Intensitätsindex erfaßt nur einen Teil der Umweltsituation. Er muß ergänzt werden durch einen zweiten oder dritten Kennwert für eine Gemeinde oder einen Kreis.

Eine Weiterentwicklung der verschiedenen Indizes kann in einer Aggregation bestehen, die dann allerdings eine Gewichtung der verschiedenen Umweltleistungen bzw. Belastungen verlangt. Eine derartige Berechnung ist allerdings nur möglich, wenn ein übergeordneter Nenner für unterschiedliche Umweltkennwerte, z.B. Beitrag zur Verbesserung der Wasserqualität oder der Biotopsituation, ermittelt worden ist, eine Aufgabe, die bisher nicht gelöst ist. Aus diesem Grunde beschränkt sich die Darstellung auf relativ einfache Koeffizienten als ersten Einstieg in eine Beschreibung der ökologischen Situation von Räumen.

3.2.2 Entwicklung von Räumen mit verschiedenen ökologischen Aufgaben

Nach den bisherigen ökologischen Vorstellungen wird nicht von einem Leitbild der vorindustriellen Kulturlandschaft ausgegangen, da diese Bestandteil der Evolution ist, die nicht umkehrbar erscheint. Die Strategie ist vielmehr auf eine Weiterentwicklung der Kulturräume unter starker Beachtung der ökologischen Nebenbedingungen ausgerichtet, wobei eine gewisse Funktionsspezialisierung erhalten bleibt.

Je nach den Vorrangfunktionen sind zu unterscheiden:

1. Räume mit vorrangiger Agrarproduktion (ohne stärkeren Eingriff durch den Natur- und Wasserschutz),
2. Räume mit Vorrangfunktionen für ökologische Aufgaben.

Innerhalb der Räume können Flächen mit unterschiedlichem Umfange für Naturschutz und Wassereinzug zur Verfügung stehen. Von ökologischer Seite wird zum Ausdruck gebracht, daß im Durchschnitt der landwirtschaftlichen Nutzfläche etwa 10 % für die Nutzung durch Naturschutz und Wassereinzug eingesetzt werden sollten mit einer Schwankungsbreite von 5 - 20 % (2).

3.2.2.1 Räume mit vorrangiger Agrarproduktion

In den Räumen mit einem Vorrang für die Lebensmittelerzeugung auf Acker- und Grünlandstandorten dominiert die vorleistungsintensive Bodennutzung und Tierhaltung, allerdings unter starker Berücksichtigung ökologischer Ressourcenschonung. Die Lebensmittelproduktion mit niedrigen Kosten und hoher Qualität steht im Vordergrund.

Verschiedene Betriebssysteme mit unterschiedlichen Maßnahmen einer umweltschonenden Lebensmittelproduktion sind dabei zu unterscheiden:

- integrierte Pflanzenbausysteme mit kontrolliertem Einsatz von mineralischem Dünger und chemischen Pflanzenbehandlungsmitteln,
- alternativer sowie antroposophischer Landbau mit Verzicht auf mineralischen Handelsdünger und Pflanzenbehandlungsmittel.

Mit diesen verschiedenen Produktionssystemen ist es möglich, Angebote mit unterschiedlichen Inhalten hinsichtlich der Lebensmittelerzeugung und ökologischen Leistungen zu erstellen. Dabei kann es kleinräumig zu verschiedener Konzentration der einen oder anderen Wirtschaftsform kommen.

Die Existenz leistungsstarker Agrarproduktionsbetriebe ist eine Voraussetzung für die internationale Wettbewerbsfähigkeit der Lebensmittelerzeugung. Bisher ist die Bereitschaft einer betriebsmittelextensiven und damit kostensteigernden Lebensmittelproduktion in der EG sehr gering. Ein sehr starker Wertewandel beim Nachfrager und Lebensmittelproduzenten ist notwendig, wenn extensive Bewirtschaftungsformen großflächig eine weite Bedeutung erhalten sollen. Eine klare politische Aussage zu einer auch international wettbewerbsfähigen Landwirtschaft auf leistungsfähigen Agrarstandorten ist für die Investitionsentscheidungen im Bereich der Rohstofferzeugung und -verarbeitung erforderlich.

Besondere ökologische Probleme ergeben sich in den intensiven Ackerbaugebieten, in denen aufgrund der natürlichen sowie agrar- und wirtschaftspolitischen Bedingungen durch Agrarpreisveränderungen und Flächenstillegungsprogramme der Anteil von extensiv genutzten Flächen geringer ist als auf Grünland- und Ackerbaustandorten mit geringerem Ertragsniveau und geringerer Produktivität ertragssteigernder Betriebsmittel.

Ökologischen Zusatzprogrammen kommt deshalb in den Ackerbaugebieten eine besondere Bedeutung zu, wenn auch hier Naturschutzmaßnahmen wirksam werden sollen. Ackerrandstreifenprogramme sind ein erster Schritt in diese Richtung.

Ein anderes Mischungsverhältnis zwischen Flächen für vorrangige Lebensmittelproduktion und ökologischen Leistungen ist auf Grenzstandorten der Agrarproduktion zu erwarten. Die Erhaltung ökologischer und sozialer Systeme in Form einer bestimmten Betriebsgrößenstruktur sowie einer gemischten Erwerbsstruktur in den Dörfern kann dabei in den Vordergrund rücken, allerdings mit der Konsequenz hoher Transferzahlungen.

Ein wachsender Umfang der Flächen kann eine Umwidmung der Nutzung erfahren durch

- Verringerung der Betriebsmittelintensität,
- Flächenstillegungsprogramme in Form von Rotations- und Dauerbrache.

Diese Maßnahmen werden verstärkt durch eine Verschlechterung der Preisverhältnisse bzw. Reduzierung der Absatzquoten, primär bei der Milch auf Grünlandstandorten. Während auf den ertragsstarken Standorten oft keine Reduzierung der Intensität zu erwarten ist - hier ist vielmehr eine Existenzgefährdung der Vollerwerbsbetriebe bei stark sinkenden Preisen zu befürchten -, muß auf ertragsschwachen Standorten, speziell auf dem Grünland, damit gerechnet werden, daß eine Produktpreissenkung und Milchquotenreduzierung einen Rückgang der Intensität mit sich bringt, allerdings bei gleichzeitiger Reduzierung des Gewinniveaus (10).

Diese Aussage für ertragsstarke Grünlandstandorte muß modifiziert werden, wenn eine Zupacht von Milchquoten in wachsenden Betrieben erfolgt. Auf der einen Seite fällt aufgrund der Flächenbindung der Quote mehr Grundfutter für die Kühe an, auf der anderen Seite kann nur eine begrenzte zusätzliche Grundfuttermenge je Kuh verwertet werden, da steigende Milchmengen mehr energiereiches Kraftfutter verlangen. Ein Überschuß an Grundfutter mit der Konsequenz geringerer Bewirtschaftungsintensitäten bis hin zum vollkommenen Brachfallen kann die Folge sein, wenn auf alternative Rindviehverfahren verzichtet wird.

Eine zweite Entwicklungsrichtung sieht die Umwidmung von Grenzstandorten der Grünland- und Ackerlandnutzung in forstwirtschaftliche Nutzung vor. Fachleute schätzen diesen Anteil sehr hoch ein.

Mit der Stillegung von Flächen zur Lebensmittelerzeugung gewinnt die Waldnutzung insbesondere auf ertragsschwachen Standorten an Bedeutung. Differenzierte standortspezifische Vorgaben über den Umfang des erstrebenswerten Waldanteils sind erforderlich. Hinzu kommt die Notwendigkeit eines Abschätzens der ökonomischen Konkurrenzfähigkeit des Waldes und seiner Nutzungsformen.

Eine ökologische Bedeutung können innerhalb der agrarischen Vorranggebiete die Flächen erfahren, die im Rahmen von Flächenstillegungsprogrammen zur Marktentlastung ausgewiesen werden. Einjährige Rotationsbrache und Flächen mit mehrjähriger Nichtnutzung sind dabei zu unterscheiden (8).

Die primäre Aufgabe einer einjährigen Brache liegt in der Marktentlastung. Differenzierte Informationen über den ökologischen Beitrag dieser Nutzungseinschränkung liegen nicht vor. Es ist jedoch zu vermuten, daß der Beitrag zur Artenvielfalt relativ gering ist, weil innerhalb der kurzen Stillegungszeit das Samenpotential kaum Entwicklungsmöglichkeiten hat. Positiv dürfte sich in jedem Fall die Bodenruhe auf die Bodenstruktur auswirken. Als negativ muß demgegenüber festgehalten werden, daß es nach den bisherigen Beobachtungen zu einer Vereinfachung der Fruchtfolgen kommt, weil leistungsschwache Früchte, z.B. Roggen und Hafer, für Brache aufgegeben werden.

In dem bisherigen Stillegungsprogramm ist es aufgrund der geringen Ausgleichszahlungen nur zum Brachfallen von relativ ertragsschwachen Böden gekommen (14). Auf ertragsstarken Böden ist der bisherige Werteausgleichsbetrag zu gering. Der Landwirt entscheidet sich infolgedessen nicht für das Nichtnutzen, sondern für ein Weiternutzen der Flächen. Dies hat zur Konsequenz, daß auf den intensiven Ackerbaustandorten mit geringeren Marktentlastungs- und ökologischen Beiträgen zu rechnen ist, wenn nicht höhere Ausgleichszahlungen gewährt werden.

Ökologisch positiv ist demgegenüber eine längere Nichtnutzung von Flächen für die Lebensmittelerzeugung zu werten, sowohl im Hinblick auf die Verbesserung von Boden- und Wasserqualität als auch hinsichtlich eines positiven Beitrages zur Artenvielfalt.

Bei der Beurteilung von Brachflächenprogrammen ist zu bedenken, daß mit der Verringerung der landwirtschaftlichen Nutzflächen bei unverändertem AK-Besatz

AK-Reste entstehen, die eine andere Verwertung zur Einkommensverbesserung suchen. Eine Steigerung der Intensität auf der Restfläche und eine Aufstockung der Viehbestände sind die Folge. Steigende Umwelt- und Marktbelastungen müssen also durch die Flächenstillegung erwartet werden.

Im Rahmen der Marktentlastungsprogramme muß mit einem verstärkten Anfall an Brachflächen auf Acker- und Grünland gerechnet werden. Primär auf Grenzstandorten ist mit einem verstärkten Anfall zu rechnen, wenn Finanzmittel des Staates knapp sind für die Finanzierung hoher Ausgleichszahlungen auf ertragsstarken Standorten. Andere ökologische Zusatzprogramme sind primär auf ertragsstarken Ackerbaustandorten notwendig.

In der politischen Diskussion besteht Unklarheit über die Standorte, auf denen eine Marktentlastung erfolgen soll. Auf ertragsstarken Standorten ist verständlicherweise mit einem Hektar stillgelegter Fläche eine größere Marktentlastungswirkung zu erreichen als auf ertragsschwachen Gebieten. Hinzu kommt, daß die ökologische Bedeutung von Brachflächen auf Ackerbaustandorten höher zu bewerten ist, als dies auf Grünlandstandorten mit zusätzlicher Brachfläche der Fall ist. Eine realistische Betrachtung der finanziellen Situation für die Finanzierung von Ausgleichszahlungen ist bei knappen Finanzmitteln des Staates notwendig. Sie bewirkt, daß auf ertragsstarken Standorten ein geringerer Brachflächenanteil zu erwarten ist.

Der Rückgang der Bedeutung der Bodennutzung durch die Landwirtschaft hat zwangsläufig eine Verringerung des Ertragswertes der Flächen zur Folge. Hieraus ergibt sich ein Absinken der Bodenpreise mit der zwangsläufigen Folge, daß sich die Beleihbarkeit der Flächen verringert. Eine Reduzierung des Fremdkapitalzuflusses in einen Raum hat seinerseits Auswirkungen auf die wirtschaftliche Tragfähigkeit von Räumen. Dieser Prozeß kann jedoch eine Umlenkung erfahren, wenn bei sinkenden Bodenverkehrswerten der Standort attraktiver wird für industrielle Arbeitsplätze oder Wohnbebauung.

Da das Anlegen von Vorrangflächen für Natur und Wassereinzug sehr häufig durch den Landwirt nur dann erfolgen wird, wenn Ausgleichszahlungen für Umweltleistungen gewählt werden, ist ein realistisches Abschätzen des Finanzbedarfs auf regionaler Ebene notwendig. Diese Bedarfswerte sollten in ein Konzept für das gesamte Land einmünden. Die Höhe der Zahlungen für ökologische Leistungen sollte soweit wie möglich an die Leistung des Landwirts gebunden sein, damit der Eindruck abgeschwächt wird, daß ein Almosen gezahlt wird. Transferzahlungen für Umweltleistungen sollten nicht als allgemeine Maßnahme für ein Einkommenstransfer Verwendung finden. Eine differenzierte Gestaltung der Entschädigung ist dazu notwendig.

3.2.2.2 Räume mit Vorrangfunktionen für ökologische Aufgaben

Eine wachsende Bedeutung nehmen die Gebiete mit ökologischen Vorrangfunktionen ein, die dem Wassereinzug bzw. dem Naturschutz dienen. Sie sind z.T. Eigentum der Einzelunternehmer, z.T. jedoch Eigentum von Kommunen, Verbänden und vom Staat. Probleme ergeben sich bei der Abgrenzung von kleinräumigen Wassereinzugsgebieten, da das Grundwassersystem verschiedener Funktionsräume (Vorranggebiete der Landbewirtschaftung und des Wassereinzuges) in enger Verbindung zu sehen ist.

Es sollen beispielhaft einige Kreise Nordrhein-Westfalens ausgewählt werden, an denen gezeigt werden soll, wie hoch die Trinkwasserschutzfläche und die Naturschutzfläche an der Gesamtauflagenfläche sind. Die genannten Zahlen erfassen die im LEP III ausgewiesenen Flächen, nicht jedoch die rechtskräftig festgelegten Wassereinzugsgebiete.

Die Kreise Paderborn (124 482 ha), Neuss (57 638 ha) und Coesfeld (110 852 ha) haben den höchsten Anteil Auflagenfläche an der Kreisfläche (88,4 % - 73,3 % - 72,3 %). Davon entfallen auf die Trinkwasserschutzfläche 7,1 % - 2,7 % - 58,1 % und auf die Naturschutzfläche 2,6 % - 12,7 % - 0,8 %. Den geringsten Anteil Auflagenfläche an der Kreisfläche haben der Märkische Kreis (105 889 ha), der Rhein-Sieg-Kreis (115 345 ha) und der Rheinisch-Bergische Kreis (43 776 ha). Hier beträgt der Anteil an der Trinkwasserschutzfläche 15,6 % - 11,1 % - 13,7 % und der an der Naturschutzfläche 0,2 % - 5,7 % - 0,9 % (1).

Die Aufgabe der Produktionswirtschaft der landwirtschaftlichen Betriebe besteht darin, geeignete Technologien für die Bewirtschaftung dieser umfangreichen Flächen zu entwickeln. Erste Forschungsansätze dazu liegen vor. Allerdings ist damit zu rechnen, daß in den Räumen mit hohen Auflagenflächen ein starker Rückgang der landwirtschaftlichen Einkommen eintritt. Die haupterwerbsbetriebliche Landwirtschaft geht zurück. Gemischte Einkommensstrukturen aus Lebensmittelproduktion und Wasserflächennutzung gewinnen an Bedeutung.

Im Zuge der Entwicklung sind die zwei verschiedenen Konzepte zu verbinden:

- Funktionsspezialisierung von Räumen mit eindeutiger Vorrangfunktion für die Lebensmittelerzeugung oder das Angebot ökologischer Leistungen. Die begrenzte Austauschbarkeit ökologischer Werte zwischen verschiedenen Räumen engt allerdings den Grad der ökologischen Funktionsspezialisierung ein.

- Integration von Lebensmittelproduktion und ökologischem Angebot auf engem Raum, primär auf ertragsschwachen Standorten, dessen finanzielle Tragfähigkeit nur durch Transferzahlungen sicherzustellen ist.

Über das Mischungsverhältnis zwischen beiden Konzepten hat eine Nutzenabwägung zu erfolgen, deren Ergebnis unterschiedlich ausfällt aufgrund der differenzierten standortspezifischen Leistungs- und Kostengrößen und ihrer Bewertung.

3.2.3 Organisationsformen des Flächenangebotes und der Bewirtschaftung für ökologische Leistungen

Für die Durchführung umweltorientierter Maßnahmen in Mehrfachnutzungs- und Vorranggebieten bieten sich verschiedene Organisationsformen an:

1. Freiwilliges Angebot an Flächen durch den Landwirt sowie Zusammenarbeit zwischen Landwirten und anderen Bevölkerungsgruppen, die bereit sind, Flächen vom Landwirt für ökologische Leistungen zu pachten oder zu kaufen (9).

2. Zur-Verfügung-Stellen von Flächen durch den Landwirt für ökologische Leistungen durch Verordnungen. Ein Entgelt wird an den Landwirt gezahlt, mit und ohne Härteausgleich.

3. Der Kauf von Flächen durch Staat oder Verbände wird zur Notwendigkeit, wenn starke Umwelteingriffe erfolgen sollen, die vom Landwirt selbst bei Zahlung von Entschädigungen nicht verkraftet werden können.

Die wachsenden Naturschutzflächen können ihre Funktion nur dann erfüllen, wenn sie gepflegt werden. Dies muß je nach Aufgabe der Fläche in unterschiedlicher Form geschehen. So verlangt die Pflege eines Trockenrasengebietes andere Maßnahmen, als dies z.B. bei Aufrechterhaltung eines bestimmten ökologischen Zustandes für Feuchtwiesen der Fall ist. Zu Unterschieden kommt es ebenfalls, da im einen Fall eine Viehhaltung ausgeschlossen ist, während unter anderen Bedingungen eine tierische Produktion den Naturschutz einschließt.

Für die Durchführung derartiger Maßnahmen bieten sich verschiedene organisatorische Konzepte an:

- Landschaftspflege durch Kommunen und staatliche Institutionen,
- Übernahme von Landschaftspflegearbeiten durch den Landwirt.

Eine Reihe von Argumenten spricht für ein vorrangiges Einbeziehen der Landwirte in ein Pflegekonzept. Vorhandene Maschinenkapazitäten, Kenntnisse der natürlichen Standortbedingungen werden hier ebenso angeführt wie die Tatsache, daß einkommensschwachen Betrieben ein zusätzliches Einkommen durch das Angebot dieser Dienstleistung verschafft werden kann. Der Einkommensbeitrag aus dieser Tätigkeit darf jedoch nicht überschätzt werden.

Die Intensität der Landschaftspflege kann in den verschiedenen Biotopen unterschiedlich sein. Man kann sich vorstellen, daß ein landwirtschaftlicher Betrieb verschiedene Teilflächen extensiv streng nach Vorschrift eines Biotopschutzprogrammes, andere Flächen dagegen in einer zweiten Fruchtfolge intensiv bewirtschaftet.

Für die organisatorische Durchführung ist eine Reihe von Vorüberlegungen anzustellen. Zunächst einmal ist es notwendig, daß von der Naturschutzseite her die Ansprüche an die Art der Pflege definiert werden, um den ökologischen Ansprüchen zu entsprechen. Bei ordnungsgemäßer Durchführung der Maßnahmen ist damit auch ein Beitrag zur Bewertung der Leistung des Landwirtes geliefert.

Der Anbieter dieser Dienstleistung seinerseits muß die Kosten für die Durchführung seiner Arbeit ermitteln. Dabei sind Mindestpreise ebenso festzulegen wie Preisvorstellungen, die langfristig eingehalten werden müssen.

Dieser Definition der Nachfrage- und Angebotsbedingungen muß ein Dialog zwischen Anbietern und Nachfragern folgen. Das Ergebnis dieser Aussprache kann dabei vom Preisniveau her zu unterschiedlicher Höhe führen. Dieses Abspracheergebnis wird zum Bestandteil eines Vertrages, den Landwirt und Kommune abschließen. Folgt man dem Gemeinlastprinzip, so wird der Landwirt bestrebt sein, seine vollen Kosten auf den Preis umzusetzen. Einigt man sich dagegen auf ein Kooperationsprinzip, nach dem auch der Landwirt seinerseits einen Beitrag zum Umweltschutz leisten will, dann ergibt sich ein Preis mit niedrigerem Niveau.

Bisher fehlen hinreichende Informationen für das skizzierte Gespräch. Ein Anfang kann in der Form gemacht werden, daß dem Landwirt verschiedene Preise angeboten werden und er aufgrund dieser Information entscheiden kann, ob er unter diesen Bedingungen eine bestimmte Dienstleistung übernimmt oder nicht. Stellt sich heraus, daß sich kein Interessent findet, muß auf der Basis eines höheren Preises ein neues Angebot gemacht werden. Zweifellos gibt es eine Grenze für das Preisniveau. Sie liegt auf der Höhe der Kosten, die staatliche Landschaftspflegeeinrichtungen einsetzen.

Außer den Landwirten kommt den Kommunen damit eine besondere Aufgabe im Rahmen der Landschaftspflege zu, die durch den Einsatz qualifizierter Mitarbeiter betreut werden muß.

Bei der Übernahme von ökologischen Flächen durch die Gemeinden ergeben sich die Probleme der Finanzierung der Pflegearbeiten in den Kommunen. Ohne eine Stärkung des Haushaltsansatzes der Gemeinden für ökologische Leistungen ist eine ordnungsgemäße ökologische Nutzung nicht sichergestellt. Ein Verfall der Flächen und der Gewässer wären die Folge. Zu optimistische Ansätze gehen davon aus, daß sich dies ohne Veränderung der Finanzstruktur der Gemeinden einfach regeln läßt.

3.2.4 Auswirkungen auf die Ausrichtung der Raumplanung

Mit der Veränderung der Flächennutzung ist ein Wandel in der Entwicklung der Dörfer zu erwarten.

Folgende Alternativen für die Dorfentwicklung sind zu überlegen:

- Erhaltung der Dörfer in alter Form als Wohn- und Produktionsstandort,
- Weiterentwicklung der Dörfer als Produktionsstandorte oder Kulturdenkmäler im Rahmen von Fremdenverkehrs- und Naturschutzkonzepten.

In Verbindung mit der Dorfentwicklung stellt sich die Frage nach der wirtschaftlichen und sozialen Leistungsfähigkeit von ländlichen Räumen mit verschiedener Betriebsgrößenstruktur. Hier ist zu prüfen, ob eine kleinflächige Gemischtstruktur eine höhere finanzielle und ökologische Wertigkeit besitzt als eine großbetriebliche Struktur starker landwirtschaftlicher Ausrichtung, wobei in beiden Fällen eine Betriebsgrößenmischung, allerdings mit unterschiedlicher Bedeutung der verschiedenen Betriebsgrößen und Erwerbstypen, zu erwarten ist.

Zur Lösung dieser skizzierten Probleme verlangt der ländliche Raum eine verstärkte raumplanerische Beachtung. Neue Raumordnungskonzepte, die an die Stelle der klassischen Flurbereinigung treten, sind notwendig, weil sich die Struktur der Agrarproduktion, die Funktion des Raumes und die Erwerbsstruktur ändern. In den Mittelpunkt der Raumplanung rückt die Ordnung der verstärkt anfallenden ökologischen Vorrangflächen; in Verbindung damit steht die Veränderung der Beschäftigungs- und Einkommensstruktur der Dörfer.

In erster Linie notwendig sind derartige Maßnahmen auf den Grenzstandorten mit hohen Grünlandflächenanteilen, die dann nicht vorrangig der Agrarproduktion dienen. Mit dem Rückgang der landwirtschaftlichen Betriebe verliert der Raum seine Marktkapazitäten und damit landwirtschaftliches Einkommenspotential. Hinzu kommen Gebiete mit Ackerland geringerer Ertragsfähigkeit, deren agrarische Nutzung sich - bedingt durch die ungünstigen Preisverhältnisse sowie Ausgleichszahlungen für Nichtnutzung - nicht lohnt.

Bisher liegt als Instrument der umweltorientierten Fachplanung der Landschaftsplan vor, der eine Verbindung zum Gebietsentwicklungsplan besitzt. Zweifellos kann dieses Instrument sehr wirkungsvoll sein, wenn es nicht nur ein technischer Plan ist, sondern ein Hilfsmittel zur praktischen Durchführung von Umweltmaßnahmen.

Folgende Verbesserungsmöglichkeiten sollten diskutiert werden:

- eine stärkere einzelbetriebliche Ausrichtung des Landschaftsplanes,
- die stärkere Einbindung ökologischer Pläne in die Strukturplanung des Dorfes als Teil einer umfassenden Bodenordnungsmaßnahme,
- das Entwickeln von Vernetzungskonzepten zwischen verschiedenen Betrieben auf kleinräumiger Ebene in Form von Grünplänen.

Beim bisherigen Verfahren der Erstellung eines Landschaftsplanes findet ein mehr oder weniger intensives Gespräch mit den Landwirten zur Abgrenzung von vorrangig landwirtschaftlich genutzten Flächen und ökologischen Flächen statt. Diese Unterhaltung scheint bisher mehr der Abgrenzung als der Verbindung von finanziellen und ökologischen Interessen zu dienen und weniger der stärkeren Integration beider Funktionen.

In jedem Raumtyp - vorrangige Agrarproduktion und vorrangige ökologische Aufgaben - ist eine Vernetzung innerhalb und zwischen den Betrieben notwendig, wobei konventionelle und alternative Betriebe miteinander verbunden werden. Die Vernetzungskonzepte zwischen den Betrieben stellen ein überbetriebliches System dar, zu dem jeder Betrieb einen Beitrag leisten muß. Dies ist jedoch nur möglich, wenn jeder Landwirt in seiner Zielfunktion die Notwendigkeit erkennt, einen Beitrag zur ökologischen Leistung des Raumes leisten zu müssen.

Die wachsende Bedeutung der Flächen für die Wassergewinnung sowie Naturschutz und die starke Einkommensreduzierung in den landwirtschaftlichen Betrieben verlangen eine flexible Abstimmung zwischen der zukünftigen Nachfrage nach Wasser und der Flächeninanspruchnahme. Eine starre Bodenordnung ohne laufende Korrekturen der benötigten Flächen der Wasserwirtschaft hat zwar hohe ökologische Effekte, wenn Wassergewinnungsgebiete gleichzeitig zu schützende Biotope darstellen, jedoch sind sehr negative Einkommenseffekte im Rahmen der landwirtschaftlichen Betriebe bei begrenzten Mitteln für die Bezahlung von Umweltleistungen zu erwarten.

4. Zusammenfassung

1. Agrarpolitische Maßnahmen zur Erhaltung des Familienbetriebes sowie zur Verringerung der Marktüberschüsse bestimmen die Weiterentwicklung von landwirtschaftlichen Betrieben und Räumen. Fortschreitende technische Veränderungen sowie Geldknappheiten zur Finanzierung der Überschußproduktion stellen wesentliche Rahmenbedingungen dar.

2. Die EG-Akzeptanz ist Voraussetzung für die Durchführung von Maßnahmen im Bereich der Einkommens- und Umweltpolitik. Einseitige nationale Maßnahmen zur Verbesserung der Umweltsituation verschlechtern die Wettbewerbsfähigkeit der bundesdeutschen Betriebe, die sich in zunehmendem Maße im internationalen Wettbewerb behaupten muß.

3. Die zur Marktentlastung praktizierten und geplanten Maßnahmen bleiben nicht ohne positive Auswirkungen auf die Verbesserung der Umwelt. So führt eine weitere Reduzierung der Milchquoten auf ertragsschwachen Futterbaustandorten zu extensiv genutzten Flächen bis hin zur Brache. Flächenstillegungsprogramme bewirken in Abhängigkeit von der Höhe der Transferzahlungen nicht mehr landwirtschaftlich genutzte Flächen, die im größeren Umfang auf den ertragsschwachen Standorten, in geringem Umfang jedoch mit hohem ökologischem Wert auch auf Ackerbaustandorten anfallen.

4. Eine Verbesserung der ökologischen Situation verlangt eine stärkere Berücksichtigung standortspezifischer Bedingungen, die nicht durch standardisierte umweltpolitische Maßnahmen erreicht werden können. Spezielle Umweltprogramme zum Schutz von Biotopen, Wasser und Boden werden in steigendem Maße notwendig. Ein wachsender Anteil der betroffenen landwirtschaftlichen Nutzflächen beeinflußt die Einkommenssituation landwirtschaftlicher Unternehmen, deren Existenz dann in steigendem Maße durch die Transferzahlungen für Umweltleistungen erhalten werden muß. Die unterschiedliche Höhe der Umweltleistungen führt zu regional differenzierten Ausgleichszahlungen.

5. Agrar- und umweltpolitische Maßnahmen bewirken eine Veränderung des Landschaftsbildes. Der Rückgang in der Bedeutung der Lebensmittelproduktion, der wachsende Anteil der Flächen mit ökologischen Leistungen führen auf den verschiedenen Standorten zu unterschiedlichen Mischungsverhältnissen. Eine großflächige Vielfalt wird verbunden mit kleinflächiger stärkerer Spezialisierung, die auf einkommensstarken Standorten die Lebensmittelproduktion präferiert, auf ökologisch wertvollen Standorten dagegen den Naturschutz und die Wassergewinnung in den Vordergrund rückt.

6. Mit der Verschlechterung der Einkommensverhältnisse der landwirtschaftlichen Betriebe und der Abgabe von Marktkapazitäten sinkt die wirtschaftliche Tragfähigkeit des ländlichen Raumes mit der Konsequenz einer Veränderung der Struktur der Dörfer. Sinkende Werte landwirtschaftlich genutzter Flächen reduzieren die Kreditfähigkeit von Betrieben und Räumen. Sehr unterschiedliche Dorftypen mit steigenden Anteilen von Wohnbevölkerung und landwirtschaftlichen Nebenerwerbsbetrieben sind primär auf den Standorten in der Nähe der Verdichtungsgebiete zu erwarten. Das Dorf mit Dominanz der landwirtschaftlichen Vollerwerbsbetriebe wird immer mehr zurückgedrängt mit Auswirkungen auf die Erhaltung der Bausubstanz des Dorfbildes sowie sozialer Systeme.

7. Der ländliche Raum verlangt eine stärkere raumplanerische Beachtung. Neue Raumordnungskonzepte, die an die Stelle der klassischen Flurbereinigung treten, sind notwendig, weil sich die Struktur der Agrarproduktion, die Funktion des Raumes und die Erwerbsstruktur ändern. In den Mittelpunkt der Raumplanung rückt die Ordnung der verstärkt anfallenden ökologischen Vorrangflächen.

   Ordnungskonzepte mit vorrangiger Betonung ökologischer Flächen sind primär auf Grenzstandorten mit hohen Grünlandanteilen notwendig, die dann nicht mehr vorrangig der Agrarproduktion dienen. Mit dem Rückgang der landwirtschaftlichen Betriebe verliert der Raum seine Marktkapazitäten und damit landwirtschaftliches Einkommenspotential.

8. Als Instrument der umweltorientierten Fachplanung dient bisher die Landschaftsplanung. Die bei Aufstellung dieses Fachplanes erfolgte Abgrenzung zwischen verschiedenen Flächennutzungsarten reicht nicht aus. Ein stärkeres Einbeziehen des Landwirtes in das angestrebte Vernetzungskonzept ist notwendig, damit er stärker als bisher die Notwendigkeit erkennt, einen Beitrag zur ökologischen Leistung des Raumes zu leisten.

9. Einen wesentlichen Beitrag zur Integration von Umweltleistungen von landwirtschaftlichen Unternehmen und Raumplanung stellen Stufenkonzepte für einen allmählichen Übergang zu einer stärkeren umweltorientierten Agrarproduktion und Flächennutzung dar. Die Übernahme von Kontrollfunktionen zur Verdeutlichung von Fehlern in der Umweltnutzung gibt den Ansatz zu einer Verbesserung der Situation.

10. Eine stärkere Mitwirkung der Landwirte bei der Raumplanung zur Verinnerlichung von Umweltwerten ist notwendig, da Gesetze allein kein Ersatz für überzeugende Informationen sind; speziell die Festlegung der Preise für ökologische Leistungen des Landwirtes ist im Dialog zwischen Landwirt und Politiker zu ermitteln.

11. Trotz der gesetzlichen Regelungen ist aufgrund der konkurrierenden Beziehungen zwischen den finanziellen und ökologischen Zielen des landwirtschaftlichen Unternehmens nicht damit zu rechnen, daß konfliktfreie Verfahren gefunden werden. Ein ständiger Dialog mit viel Einsicht für die Ökologie muß die notwendigen partnerschaftlichen Beziehungen zwischen dem Landwirt und der ökologisch ausgerichteten Raumplanung unterstützen.

Literatur

1) Findeisen, D. und Morgenstern, D.: Automationsgestützte Quantifizierung der Auflagenflächen des LEP III, Zeitschrift für Vermessungswesen und Raumordnung, Manuskript abgegeben.

2) Haber, W.: Anforderungen der Ökologie an die Landwirtschaft, Hrsg.: Bayerisches Staatsministerium für Ernährung, Landwirtschaft und Forsten - Fachtagung "Flurbereinigung und Landwirtschaft", Berichte aus der Flurbereinigung, Regensburg 1984/52, S. 51-59, zitiert in: Rat der Sachverständigen für Umweltfragen, Umweltprobleme der Landwirtschaft, Sondergutachten Stuttgart, März 1985.

3) Hesler, A. v.: Ökologie und Planung, in: Städtebau und Landesplanung im Wandel, Mitteilungen der Deutschen Akademie für Städtebau und Landesplanung, Bericht zur Jahrestagung 1987, München 1987, Bd. 2, S. 251 - 272.

4) Schmitt, G.: Der ökonomische oder der ökologische Weg? Eine Antwort an G. Weinschenck oder "Ein Plädoyer für den mittleren Weg" der praktischen Vernunft, in: Agrarwirtschaft, 3/1987, S. 90 - 97.

5) Schmitt, G.: Noch einmal: Der ökonomische oder der ökologische Weg? Stellungnahme zu der Erwiderung von G. Weinschenck, in: Agrarwirtschaft 6/1987, S. 191 - 194.

6) Schmitt, G.: Grundsätze für die Gestaltung der Agrarpolitik in der sozialen Marktwirtschaft, Vortrag auf der 28. Jahrestagung der Gewisola, Bonn im Oktober 1987.

7) Schulte, J.: Der Einfluß eines begrenzten Handelsdünger- und Pflanzenbehandlungsmitteleinsatzes auf Betriebsorganisation und Einkommen verschiedener Betriebssysteme, Bonner Diss. 1983.

8) Schulze-Weslarn, K.-W.: Erste Erkenntnisse aus dem Großversuch "Grünbrache" in Niedersachsen. Vortrag auf der 28. Jahrestagung der GEWISOLA, Bonn, Oktober 1987.

9) Steffen, G., Bodden, R.: Betriebswirtschaftliche Vorschläge zur Bewertung von Umweltauflagen im Bereich des Natur- und Wasserschutzes, in: Vorträge der 38. Hochschultagung der Landwirtschaftl. Fakultät der Universität Bonn, 1985, S. 71-83.

10) Steffen, G., Schaffhausen, J. v.: Einzelbetriebliche Beurteilung landschaftspflegerischer Elemente, verringerter Betriebsmittelintensitäten und erweiterter Fruchtfolgen unter verschiedenen agrarpolitischen Rahmenbedingungen. Vortrag auf der 40. Hochschultagung der Landw. Fakultät der Universität Bonn, Februar 1987.

11) Weinschenck, G.: Der ökonomische oder der ökologische Weg? In: Agrarwirtschaft, 35 (1986 a), S. 321 - 327.

12) Weinschenck, G.: Weg der praktischen Vernunft oder Konsens zur Konservierung der Unvernunft. Eine Antwort auf die Kritik von Günther Schmitt, in: Agrarwirtschaft 3/1987, S. 97 - 99.

13) Weinschenck, G., Werner, R.: Prinzipien einer ökologisch orientierten Agrarpolitik, in: Schriften der Gesellschaft für Wirtschafts- und Sozialwissenschaften des Landbaues e.V., Bd. 23, Münster 1987, S. 425-440.

14) Wilstacke, L.: Maßnahmen zur gezielten Reduktion der landwirtschaftlichen Faktorkapazität, Vortrag auf der 28. Jahrestagung der GEWISOLA, Bonn, Oktober 1987.

STILLEGUNG LANDWIRTSCHAFTLICHER FLÄCHEN AUS DER SICHT DER REGIONALPLANUNG

Ein Problemaufriß

von
Gert Saurenhaus, Arnsberg

Gliederung

1. Bedeutung der Landwirtschaft für die Regionalplanung

2. Quantitative Entwicklung landwirtschaftlicher Flächen

3. Minimierung der Stillegung landwirtschaftlicher Flächen

4. Extensivierung landwirtschaftlicher Nutzungen

5. Nachfolgenutzungen nicht mehr landwirtschaftlich genutzter Flächen

    5.1 Nichtwirtschaftliche Nutzung
    5.2 Wirtschaftliche Verwertungsformen

        5.2.1 Anlage von Weihnachtsbaum- und Schmuckreisigkulturen
        5.2.2 Aufforstungen
        5.2.3 Nutzung für Zwecke des Wohnungsbaus oder der gewerblichen Bebauung
        5.2.4 Intensive Freizeitnutzung

            5.2.4.1 Freizeitwohnen
            5.2.4.2 Sonstige flächenintensive Freizeitinfrastruktur

        5.2.5 Sonstige Nachfolgenutzungen

6. Mittelbare Wirkungen der Stillegung landwirtschaftlicher Flächen

Anhang

Anmerkungen

1. Bedeutung der Landwirtschaft für die Regionalplanung

In Nordrhein-Westfalen wird 56 % der Gesamtfläche von der Landwirtschaft bewirtschaftet. Sie ist damit der größte Flächennutzer und schon aus diesem Grunde von ganz erheblicher Bedeutung für die Raumordnung.

Die Landwirtschaft ist daneben - insbesondere, wenn man die vor- und nachgelagerten Bereiche in die Betrachtung mit einbezieht - ein wichtiger Wirtschaftsfaktor. Sie leistet auch einen nennenswerten Arbeitsplatzbeitrag. Nach einer Schätzung des Landesamtes für Datenverarbeitung und Statistik des Landes Nordrhein-Westfalen lag im Jahre 1985 in Nordrhein-Westfalen der Anteil der in der Landwirtschaft Beschäftigten bei 2,64 %. Naturgemäß unterliegt dieser Anteil regional erheblichen Schwankungen. Er betrug 1985 in Herne, der am dichtesten besiedelten Stadt Nordrhein-Westfalens, 0,24 %, dagegen in dem noch stark landwirtschaftlich geprägten Kreis Soest 6,29 %[1].

Für die Regionalplanung haben in den letzten Jahren ferner die sogenannten Sozialfunktionen der Landwirtschaft (Pflege der Freiflächen, Schutz der natürlichen Lebensgrundlagen, Erhaltung der Kulturlandschaft) zunehmendes Gewicht erlangt[2].

Allerdings muß man bei einer Gesamtbewertung dieser Sozialfunktionen differenzieren. Nicht jede Art bäuerlichen Wirtschaftens hat den gleichen landschaftspflegerischen Effekt. Bei intensiver Landwirtschaft, die die Form von Agrarfabrikation annehmen kann, sind insoweit deutliche Abstriche nötig.

2. Quantitative Entwicklung landwirtschaftlicher Flächen

Diese Darstellung befaßt sich nur mit den unmittelbaren Konsequenzen, die sich durch die Herausnahme von Flächen aus der landwirtschaftlichen Nutzung ergeben. Im Hinblick auf die Gesamtgröße der Agrarflächen kann dieser Aspekt für die Regionalplanung unter Umständen erhebliche Bedeutung gewinnen. Die Stillegung landwirtschaftlicher Flächen hat im übrigen bereits in der Vergangenheit bemerkenswerte Ausmaße erreicht. Die Landwirtschaftskammer Westfalen-Lippe hat in ihrem "Strukturgutachten über die Landwirtschaft im Hochsauerlandkreis, 1984"[3] landwirtschaftliche Brachflächen zwar nur in einer Größe von 330 ha kartiert. Für den Kreis Olpe hat sie in einem entsprechenden Gutachten 1985[4] rd. 115 ha landwirtschaftlicher Brache ermittelt. Diese Größenordnungen mögen zunächst verhältnismäßig geringfügig erscheinen. Die Landwirtschaftskammer hat aber zugleich festgestellt, daß im Hochsauerlandkreis (Gesamtflächengröße 1 957 km^2) rd. 3 470 ha und im Kreis Olpe (Gesamtflächengröße 710 km^2) rd. 1 400 ha ehemaliger landwirtschaftlicher Flächen schon aufgeforstet, in Weihnachtsbaumkulturen oder in Baumschulen umgewandelt worden sind. Bezieht man diese Zahlen in die Betrachtung mit ein, so gewinnt die Problematik eine andere Dimension.

Die Schwierigkeiten des Agrarmarktes mit seiner Überschußproduktion werden zur Zeit mit zunehmender Intensität diskutiert. Als eines der Mittel, die zu einer Reduzierung der landwirtschaftlichen Produktion beitragen können, ist verstärkt die Stillegung von Agrarflächen im Gespräch. Welche Auswirkungen Stillegungsprogramme haben können, ist beim derzeitigen Stand der Meinungsbildung noch nicht abschätzbar. Jedenfalls ist nicht auszuschließen, daß es sich hierbei auf längere Sicht um erhebliche Größenordnungen handeln kann.

Indessen wird der Regionalplanung nicht nur die absolute Größe der insgesamt freigestellten Agrarflächen zu schaffen machen. Die Problematik wird sich vielmehr dadurch erheblich verschärfen, daß sich die Flächenstillegungen nicht gleichmäßig auf den Raum verteilen. Es ist nämlich damit zu rechnen, daß sich die Landwirtschaft dort, wo für sie ungünstige Standortbedingungen bestehen, schwerpunktmäßig aus der Fläche zurückziehen wird. Flächenstillegungen werden sich danach insbesondere in den sog. "benachteiligten Gebieten" der Mittelgebirgsregionen konzentrieren. Ein Bedeutungsverlust der Landwirtschaft zeichnet sich in diesen Räumen u.a. auch schon durch den ungewöhnlich hohen Anteil der Nebenerwerbslandwirtschaft ab. Während im Landesdurchschnitt die landwirtschaftlichen Nebenerwerbsbetriebe einen Anteil von rd. 44 % haben, beträgt dieser Anteil in den typischen Mittelgebirgslandschaften der Kreise Siegen-Wittgenstein, Olpe und des Hochsauerlandkreises zwischen 60 und 80 %[5].

Unter diesen Umständen sollte daher die Regionalplanung schon jetzt der Frage nachgehen, ob ihr Instrumentarium ausreicht, diese zu erwartende Entwicklung in geordnete Bahnen zu lenken. Im Mittelpunkt des Interesses müssen hierbei die besonderen Verhältnisse in den Mittelgebirgslagen stehen.

3. Minimierung der Stillegung landwirtschaftlicher Flächen

Wegen der strukturellen, wirtschaftlichen und landschaftspflegerischen Bedeutung der Landwirtschaft muß die Landesplanung im Grundsatz zunächst auf eine Minimierung der Flächenfreistellung abzielen[6]. Das hat vor allem für diejenigen Räume zu gelten, in denen der Bestand der landwirtschaftlichen Betriebe besonders gefährdet ist.

Gestützt auf das Gesetz zur Landesentwicklung (Landesentwicklungsprogramm) - LEPro - vom 19.3.1974 - GV. NW S. 96 -[7] fordert die Regionalplanung, die landwirtschaftlichen Nutzungen möglichst zu erhalten und langfristig zu sichern[8]. Als Mittel, die diesem Zweck dienen können, nennt der GEP-E TA SI/OE die einzelbetriebliche Förderung, die Flurbereinigung und die fachliche

Beratung[9]. Der Gebietsentwicklungsplan verfolgt mit seinen Aussagen ausdrücklich auch landschaftspflegerische Ziele[10], denn gerade in den Mittelgebirgen zielt die Existenzsicherung möglichst vieler landwirtschaftlicher Betriebe u.a. auch darauf ab, die Landschaft offen zu halten. Ohne sie kann die abwechslungsreiche, historisch gewachsene bäuerliche Kulturlandschaft nicht erhalten werden. Die Absicherung landwirtschaftlicher Betriebe entspricht auch aktueller Landespolitik[11]. Dieses Ziel wird daher auch weiterhin zu verfolgen sein, soweit dies wirtschaftlich vertretbar ist. Es trägt auch dazu bei, Agrarfabriken mit den bekannten negativen Folgen für die Umwelt zu vermeiden, die in großem Umfang entstehen würden, wenn die Landwirtschaft ungeschützt den Kräften des freien Marktes überlassen bliebe.

4. Extensivierung landwirtschaftlicher Nutzungen

Extensiv betriebene Landwirtschaft stellt sich als eine Zwischenform zwischen nach nur betriebswirtschaftlichen Gesichtspunkten geführter Landwirtschaft und der Flächenstillegung dar. Die wirtschaftliche Nutzung ist nicht mehr der vorherrschende Zweck. Es treten vielmehr die von der Landwirtschaft zu leistenden Sozialfunktionen in den Vordergrund. Die besondere Bedeutung extensiver Landwirtschaft für die Regionalplanung ist durch das Ziel 47 des GEP-E TA SI/OE belegt, in dem die Förderung dieser Bewirtschaftungsform ausdrücklich zum Ziel der Landesplanung gemacht worden ist.

Über die dort erhobene allgemeine Forderung hinaus muß die Regionalplanung künftig mit Rücksicht auf die wachsende Bedeutung extensiver Landbewirtschaftung bemüht sein, konkretere Zielsetzungen zu finden. Das wird allerdings nicht dadurch geschehen können, daß Flächen, die für eine Extensivierung geeignet sind, im Gebietsentwicklungsplan zeichnerisch dargestellt werden. Die zeichnerische Darstellung der Planungsebene Gebietsentwicklungsplan (Maßstab 1:50000) ist für derartige kleinteilige Flächenfestlegungen ungeeignet. Es fehlt daher auch zu Recht ein entsprechendes Planzeichen. Zu denken ist eher an eine verbale Beschreibung von Flächentypen, wie z.B. Feuchtwiesen, Wiesentäler, intakte Kulturlandschaften, Erholungslandschaften und Gebiete mit wasserwirtschaftlicher Bedeutung. Die konkrete Umsetzung derartiger regionalplanerischer Ziele muß der Landschaftsplanung und dem Instrumentarium der Landwirtschaftspolitik überlassen bleiben.

5. Nachfolgenutzungen nicht mehr landwirtschaftlich genutzter Flächen

5.1 Nichtwirtschaftliche Nutzung

Landwirtschaftliche Flächen, die von der Nutzung freigestellt und keiner anderen Nutzung zugeführt werden, fallen brach. Brachflächen dürften im allgemeinen aus ökologischer Sicht durchaus positiv zu bewerten sein. Sie gehen schrittweise in einen natürlichen Zustand über: sie verkrauten, verbuschen, schließlich entsteht fast immer Wald. In waldarmen, ausgeräumten Landschaften, z.B. in einem Teil der Bördegebiete, können daher landwirtschaftliche Brachflächen den ökologischen Wert, aber auch den Erholungswert der Landschaft erheblich steigern. Voraussetzung für diese positive Einschätzung ist jedoch, daß genügend Agrarflächen verbleiben, durch die die Landschaft offengehalten wird und durch die gleichzeitig bei ausreichendem Grünlandanteil zur Artenvielfalt wesentlich beigetragen werden kann. Diese Voraussetzungen sind in Mittelgebirgslandschaften, in denen sich voraussichtlich das Brachfallen landwirtschaftlicher Flächen konzentrieren wird, keineswegs immer gegeben. Dort hat der Waldanteil oft schon eine kritische Grenze erreicht. Diese Grenze wird vielfach bei einem Waldanteil von ca. 60 % angenommen[12]. Jenseits einer solchen Grenze ist die Befürchtung begründet, daß Waldvermehrung das Landschaftsbild und die ökologische Vielfalt beeinträchtigt[13]. Landwirtschaftliche Brache, die sich schließlich in Wald umwandeln würde, kann mithin dort nicht sich selbst überlassen bleiben. Insbesondere in den stark bewaldeten Mittelgebirgslandschaften werden daher bei Stillegung landwirtschaftlicher Flächen in der Regel Pflegemaßnahmen nötig sein.

Auch hier kann der Gebietsentwicklungsplan eine Lokalisierung dieser Flächen in seiner zeichnerischen Darstellung nicht vornehmen. Er bleibt vielmehr - wie im Fall der Extensivierung der Landwirtschaft - darauf beschränkt, in seinen textlichen Darstellungen Landschaften zu typisieren, in denen landwirtschaftliche Brachflächen in besonderem Maße der Landschaftspflege bedürfen. In diese Richtung werden künftig die regionalplanerischen Aussagen stärker als bisher zu konkretisieren sein[14].

In diesem Zusammenhang ist aus dem Blickwinkel der Raumordnung noch ein anderer Gesichtspunkt zu beachten: Brachflächen fallen dort an, wo Landwirtschaft zufällig endet. Hier wird die Regionalplanung darauf dringen müssen, daß landwirtschaftliche Brachflächen durch Umlegung neu geordnet werden. Ziel dieser Umlegung muß es sein, das Landschaftsbild und auch die ökologischen Verhältnisse zu erhalten oder sogar zu verbessern. Dadurch erwachsen der Flurbereinigung, aber auch der Landschaftsplanung neue Aufgaben.

.pa

5.2 Wirtschaftliche Verwertungsformen

Es liegt auf der Hand, daß der Landwirt bei der Freistellung landwirtschaftlicher Flächen in erster Linie Formen wirtschaftlicher Nachfolgenutzungen suchen wird. Folgende Verwertungsarten kommen nach den bisherigen Erfahrungen vor allem in Betracht:

5.2.1 Anlage von Weihnachtsbaum- und Schmuckreisigkulturen

Diese Nutzungen sind wirtschaftlich interessant. Das gilt zumindest solange, wie der Markt die Produktion abnimmt. Zur Zeit dürfte das im großen und ganzen der Fall sein. Die erheblichen Anpflanzungen der letzten Jahre lassen es jedoch zweifelhaft erscheinen, ob die Marktlage auf die Dauer so bleibt.

Die Anlage von Weihnachtsbaum- und Schmuckreisigkulturen wirft eine Reihe von Fragen auf. Für die Regionalplanung stehen Standortüberlegungen im Vordergrund. Maßgebend sind insbesondere folgende Kriterien: Weihnachtsbaum- und Schmuckreisigkulturen sollen sich an vorhandene Waldränder anlehnen oder in größeren zusammenhängenden Flächen angelegt werden. Wiesentäler und andere ökologisch wertvolle Flächen sind freizuhalten[15]. Negative Wirkungen treten bei diesen Kulturen meist auch durch starke Düngung, Verwendung von Herbiziden, den Verlust von Mutterboden bei Ballenware und insbesondere auch durch den Umstand ein, daß es sich bei Weihnachtsbäumen und Schmuckreisig um artfremde Gehölze (Blaufichte, Nordmannstanne, Silbertanne) handelt. Daher widmet die Regionalplanung diesen im Einzelfall oft qualitativ und quantitativ unbedeutenden Raumbeanspruchungen ihr besonderes Augenmerk. Eine kritische Marktbeobachtung durch die Landwirtschaftskammern und eine intensive Information der Landwirte über die realistische Einschätzung der Absatzchancen könnte diese Bemühungen sinnvoll ergänzen.

5.2.2 Aufforstungen

Eine weitere ins Gewicht fallende Möglichkeit der Umnutzung landwirtschaftlicher Flächen ist die Aufforstung im engeren Sinne, also im Sinne der heutigen Fassung des Landesforstgesetzes. Hier gelten zunächst die gleichen regionalplanerischen Standortgesichtspunkte wie für die Weihnachtsbaum- und Schmuckreisigkulturen[16].

Grundsätzlich gehen die landesplanerischen Bemühungen dahin, den Wald wegen seiner vielfältigen wirtschaftlichen, sozialen und ökologischen Funktionen zu erhalten und zu vermehren. Die Neufassung des Landesentwicklungsplanes III vom 15.9.1987[17] - LEP III '87 - hebt die vielfältigen Freiraumfunktionen des

Waldes besonders hervor. So betrachtet, sind Aufforstungen aus der Sicht der Landesplanung in der Regel positiv zu bewerten.

In den Mittelgebirgsregionen stellt dagegen häufig der Waldreichtum ein Problem dar. Wenn etwa von der Gesamtfläche des Kreises Siegen-Wittgenstein 65,7 % und von derjenigen des Kreises Olpe 59,9 % bewaldet sind, dann kommt für diese Räume, in denen die Stillegung landwirtschaftlicher Flächen im besonderen Umfang zu befürchten ist, häufig eher eine Begrenzung des Waldanteils in Betracht. Eine pauschale Quotierung des Waldanteils in bestimmten Räumen ist hierfür sicher ein ungeeignetes Mittel. Vielmehr dürfte eine konsequente und bisweilen durchaus restriktive Anwendung regionalplanerischer Standortkriterien[18] der bessere Weg sein, um Erstaufforstungen an unerwünschten Standorten zu verhindern.

5.2.3 Nutzung für Zwecke des Wohnungsbaus oder der gewerblichen Bebauung

Eine derartige Nutzung ist selbstverständlich nur im Rahmen geltenden Baurechts möglich. Eine Ausweitung der derzeitig in den Flächennutzungsplänen der Gemeinden dargestellten Siedlungsflächen durch Planänderung ist in der Regel nicht zu erwarten, da gerade im ländlichen Raum die Siedlungsflächendarstellung in der Bauleitplanung der meisten Gemeinden nach heutiger Einschätzung eher überdimensioniert sein dürfte. Insoweit bedarf es keiner besonderen regionalplanerischen Vorkehrungen. Es genügen die üblichen, in den geltenden Gebietsentwicklungsplänen enthaltenen siedlungsstrukturellen Steuerungsinstrumente.

Besondere Schwierigkeiten könnten allerdings die zahlreichen Baulücken in den zur Zeit noch landwirtschaftlich geprägten Dörfern bereiten. Diese zum Teil hofnahen Flächen werden bisher noch in einem erheblichen Umfang landwirtschaftlich genutzt (sog. Kälberwiesen). Auf ihnen liegen meist Baurechte gem. § 34 des Baugesetzbuches. Diese Grundstücke sind bisher von der Regionalplanung nur zu einem kleinen Teil als Bauflächen in die Siedlungsflächenbilanz eingestellt worden, da sie tatsächlich für eine Bebauung nicht zur Verfügung standen. Sollte jedoch die landwirtschaftliche Nutzung dieser Grundstücke in größerem Umfang aufgegeben werden, so werden zusätzliche, über den Bedarf hinausgehende Baulandkapazitäten frei, ohne daß die Regionalplanung eine direkte Steuerungsmöglichkeit besäße.

Eine konsequente Bebauung solcher Grundstücke würde im übrigen oft zu einer Beeinträchtigung des gewachsenen Dorfbildes durch Neubauten führen[19].

5.2.4 Intensive Freizeitnutzung

Falls die Freizeit zunehmen und der Wohlstand weiter wachsen sollte, ist damit zu rechnen, daß die Nachfrage nach Einrichtungen des Freizeitwohnens (Ferienwohnungen, Campingplätze) und nach sonstiger raumbeanspruchender Freizeitinfrastruktur steigen wird.

5.2.4.1 Freizeitwohnen

Formen des Freizeitwohnens, die als Nachfolgenutzungen der Landwirtschaft in Frage kommen, sind vor allem: Ferien auf dem Bauernhof, Ferienhäuser und Campingplätze. Besonderes regionalplanerisches Interesse findet der Bau von Feriendörfern und von Campingplätzen. Gerade insoweit ist in letzter Zeit eine verstärkte Investitionsbereitschaft festzustellen.

Nach den allgemeinen Zielen des LEPro[20] sollen in allen Teilen des Landes Gebiete für die Tages-, Wochenend- und Ferienerholung gesichert und erschlossen werden. Wegen ihrer landschaftlichen Schönheit eignen sich hierfür in besonderer Weise die Mittelgebirgsregionen. Einrichtungen des Freizeitwohnens sollen nach den Vorstellungen der Landesplanung grundsätzlich nur in unmittelbarer Anlehnung an Ortslagen und an geeignete Freizeit- und Erholungsschwerpunkte ausgewiesen werden[21]. Freizeitwohnsitze sollen daher nicht isoliert in der Landschaft liegen. Darüber hinaus ist auch Rücksicht auf die vorhandene Infrastruktur zu nehmen. Schon aufgrund dieser Standortkriterien wird deutlich, daß Ferienhäuser und Campingplätze nur ausnahmsweise als Nachfolgenutzung für stillgelegte landwirtschaftliche Flächen in Betracht kommen können.

In diesem Zusammenhang tritt ein weiteres Problem auf, das bisher nicht zufriedenstellend gelöst ist, nämlich die Frage des Bedarfs. Der LEP III '87 fordert für jede Inanspruchnahme von Freiraum einen Bedarfsnachweis[22]. Insoweit fehlt es aber hinsichtlich aller Formen des Freizeitwohnens an ausreichenden Kriterien. Hilfserwägungen, die allein auf den Auslastungsgrad vorhandener, oft aber anders strukturierter Einrichtungen des Freizeitwohnens abstellen, sind zu unsicher und können daher nicht befriedigen.

5.2.4.2 Sonstige flächenintensive Freizeitinfrastruktur

Einrichtungen der Freizeitinfrastruktur mit größerem Flächenbedarf (Tennisplätze, Reitanlagen, Skilifte) beurteilen sich regionalplanerisch nach den verschiedenen Zielen, die durch das Landesentwicklungsprogramm, die Landesentwicklungspläne und den Gebietsentwicklungsplan vorgegeben sind. Soweit sie sich dafür eignen, sind sie bevorzugt in Siedlungsbereichen oder in Freizeit-

und Erholungsschwerpunkten unterzubringen, so daß nur ein enger Verwertungsspielraum für landwirtschaftliche Brachen besteht. Abgesehen von der auch hier nur schwer zu beantwortenden Bedarfsfrage dürfte im allgemeinen das vorhandene landesplanerische Instrumentarium ausreichen.

Das gilt indessen nur sehr eingeschränkt für Golfplätze, für die in letzter Zeit gerade ein Nachfrageboom entstanden ist. Auf dieses Phänomen ist die Regionalplanung noch nicht ausreichend vorbereitet. Der Flächenbedarf ist erheblich (ca. 50 bis 70 ha für eine 18-Loch-Anlage). Versiegelung von Landschaft findet nur in geringem Ausmaß statt (Clubhaus, Parkplätze). Die Auswirkungen auf die Landschaft im übrigen sind unterschiedlich zu bewerten. Sie sind teils positiv (z.B. Anpflanzung von Busch- und Baumgruppen), teils negativ (z.B. kurzgeschnittener Rasen) zu beurteilen. In diesem Zusammenhang ist auch der vorgefundene Zustand des Geländes von großer Bedeutung (Maisacker oder intakte bäuerliche Kulturlandschaft). Von besonderem Gewicht ist - insbesondere in den Verdichtungsgebieten - die Frage, ob das Golfplatzgelände für die Öffentlichkeit zugänglich bleibt. Schließlich läßt sich auch hier - wie bei allen Freizeitnutzungen - der Bedarf nur schwer einschätzen. Zu diesen Fragen gibt es in Ansätzen bereits verschiedene landesplanerische Überlegungen. Um sie handhabbar und durchsetzbar zu machen, müßten aber noch entsprechende Regelungen in die Gebietsentwicklungspläne (zeichnerisch?, textlich?) aufgenommen werden.

5.2.5 Sonstige Nachfolgenutzungen

Hier können in Einzelfällen großflächige Außenbereichsvorhaben (z.B. Mülldeponien) in Frage kommen. Vorhaben dieser Art sind nach den allgemeinen landesplanerischen Kriterien zu behandeln. Eine Ausweitung des Instrumentariums unter dem Aspekt möglicher größerer Freisetzungen von landwirtschaftlichen Flächen erscheint infolgedessen nicht erforderlich.

6. Mittelbare Wirkungen der Stillegung landwirtschaftlicher Flächen

Neben veränderter Nutzung auf den Flächen selbst, die aus der Landwirtschaft entlassen worden sind, ist auch mit verschiedenen mittelbaren Folgen zu rechnen. Hierbei handelt es sich in den schwerpunktmäßig von dem Rückgang der Landwirtschaft betroffenen Gebieten insbesondere um Verringerung der Einwohnerzahl, Arbeitsplatzverluste, Gefährdung der Infrastrukturauslastung (Schulen!) und Funktionsänderungen der bisher von der Landwirtschaft geprägten Dörfer. Diese Konsequenzen werden die Regionalplanung ebenfalls intensiv beschäftigen müssen. Im Rahmen dieser Ausführungen kann darauf jedoch nicht näher eingegangen werden.

Anhang: Auszüge aus dem Gebietsentwicklungsplan Regierungsbezirk Arnsberg Teilabschnitt Oberbereich Siegen, Kreis Siegen-Wittgenstein und Kreis Olpe, Entwurf, Stand: März 1987

Ziel 12

(1) Um die Funktionsfähigkeit der Land- und Forstwirtschaft sowie deren Produktions- und Beschäftigungsbeitrag nachhaltig zu sichern, müssen die Produktions- und Arbeitsbedingungen verbessert werden. Das soll vornehmlich durch Erhaltung von betriebswirtschaftlich rentablen, zusammenhängenden Flächen sowie durch spezielle Maßnahmen in der einzelbetrieblichen Förderung, Flurbereinigung und fachlichen Betreuung geschehen.

(2) Neben den betriebswirtschaftlichen Zielen sind die außerwirtschaftlichen Funktionen der Land- und Forstwirtschaft besonders zu beachten und gezielt zu unterstützen.

Ziel 24

Abs. (1) ...
Abs. (2) ...

(3) Flächen, die die charakteristische Dorfstruktur bestimmen, die ökologisch wertvoll sind oder durch entsprechende Maßnahmen aufgewertet werden können, sind planerisch zu sichern und in ihrer Funktion zu erhalten oder zu entwickeln.

Ziel 30

Einrichtungen des Freizeitwohnens (Flächen für Campingplätze, Wochenend- und Ferienhausgebiete, Hotels usw.) sind grundsätzlich nur in unmittelbarer Anlehnung an Ortslagen oder geeignete Freizeit- und Erholungsschwerpunkte auszuweisen. Dabei sind in besonderem Maße die Belange der Landschaftspflege und des Gewässerschutzes sowie die Leistungsfähigkeit der öffentlichen und privaten Infrastruktur zu berücksichtigen. Der Charakter des aufnehmenden Ortsteils ist zu bewahren.

Ziel 46

Agrarbereiche als überwiegend landwirtschaftlich genutzte Teile des Freiraums und als wesentliche Strukturelemente der freien Landschaft sind möglichst zu erhalten. Ihre Nutzung soll ebenso zum Schutz der natürlichen Lebensgrundlagen beitragen wie zur Erhaltung und Gestaltung der historisch gewachsenen Kulturlandschaft dienen. Zum größten Teil sollen die Agrarbereiche gleichzeitig Funktionen für die Erholung und den Biotop- und Artenschutz übernehmen.

Ziel 47

(1) Die von der Landwirtschaft auch zu leistenden Sozialfunktionen (Reproduktion lebenswichtiger Umweltgüter, Pflege der Freiflächen und der Erholungslandschaft) sind zu beachten und zu stärken. Die Produktivität der landwirtschaftlichen Flächen soll langfristig gesichert werden. Bei der Landbewirtschaftung sind ökologische Zusammenhänge und die Erhaltung der Bodenfruchtbarkeit stärker zu berücksichtigen.

(2) Die Aufrechterhaltung der Landbewirtschaftung muß insbesondere im Interesse der Landschaftspflege sichergestellt und gefördert werden. Der Existenzsicherung kleiner Betriebe und der Förderung extensiver Landbewirtschaftung kommt dabei eine wichtige Bedeutung zu. Die Bereiche mit weniger ungünstigen Bedingungen für die Landwirtschaft sind vor anderweitiger Inanspruchnahme möglichst langfristig zu schützen. Aus Gründen der Landschaftspflege und der Ökologie sollte auch in den Bereichen mit ungünstigeren Bedingungen eine extensive landwirtschaftliche Nutzung möglichst aufrechterhalten werden.

(3) Entwicklungsfähige landwirtschaftliche Betriebe sollen als Landauffangbetriebe gefördert werden, um freiwerdende landwirtschaftliche Nutzflächen übernehmen zu können.

Ziel 48

Abs. (1) ...

(2) Aufforstungen sollen nur in Anlehnung an bestehende Waldränder oder in größeren, zusammenhängenden Flächen (Aufforstungsgewannen) erfolgen. Wiesentäler und andere ökologisch wertvolle Flächen sind grundsätzlich von Aufforstungen freizuhalten.

Ziel 49

(1) In landwirtschaftlich strukturierten Ortsteilen sollen möglichst alle Planungen und Maßnahmen vermieden werden, die den Bestand oder die Entwicklungsmöglichkeiten der vorhandenen landwirtschaftlichen Betriebe gefährden.

(2) Landwirtschaftliche Betriebe mit unzureichenden Erweiterungs- und Entwicklungsmöglichkeiten am alten Standort sollen, um Belästigungen für die Wohnbevölkerung durch landwirtschaftliche Emissionen von vornherein auszuschließen, so weit in den Außenbereich ausgesiedelt werden, daß die erforderlichen Abstände auch zu möglichen zukünftigen Wohnbauflächen gewahrt bleiben.

(3) Aussiedlerhöfe haben sich nach Standort und Gestaltung in das gesamträumliche Gefüge einzupassen. Im Interesse der vielfältigen Funktionen des Freiraumes sind sie insbesondere durch geeignete Eingrünungsmaßnahmen in die Landschaft einzubinden.

Ziel 54

(1) In Bereichen mit hohem Waldanteil ist von einer weiteren Aufforstung auf Kosten günstiger landwirtschaftlicher oder ökologisch wertvoller Flächen abzusehen.

(2) Erstaufforstungen sollen vor allem dort verhindert werden, wo sie wichtige waldfreie Biotope, das Kleinklima oder das Landschaftsbild beeinträchtigen würden. Insbesondere sind die zahlreichen, das Landschaftsbild prägenden Wiesentäler von Aufforstungen freizuhalten.

Ziel 65

(1) Zur besonderen Pflege und Entwicklung der Landschaft sollen vor allem in überlasteten Erholungsbereichen, in Wiesentälern und auf Flächen, die für die Entwicklung hochwertiger Biotope geeignet sind, Maßnahmen zur Verbesserung des Naturhaushalts und des Landschaftsbildes durchgeführt werden.

(2) Maßnahmen zur Beseitigung oder Milderung von Landschaftsschäden ist besondere Beachtung zu schenken. Alle Bereiche für die oberirdische Gewinnung von Bodenschätzen sind zugleich als Bereiche für die besondere Pflege und Entwicklung der Landschaft zu behandeln.

Ziel 66

Brachflächen sind als Teile der Kultur- und Erholungslandschaft vor allem im Nahbereich der Ortslagen zu pflegen und herzurichten. Sie können aber auch eine wichtige ökologische Anreicherung der Landschaft darstellen (Schaffung neuer Biotope). In diesen Fällen sind sie durch gezielte landschaftspflegerische und landschaftsgestalterische Maßnahmen weiterzuentwickeln.

Anmerkungen

1) Zu den wirtschaftlichen Zielsetzungen der Regionalplanung, die die Landwirtschaft betreffen, vgl. Ziel 12 des Gebietsentwicklungsplanes Regierungsbezirk Arnsberg, Teilabschnitt Oberbereich Siegen, Kreis Siegen-Wittgenstein und Kreis Olpe, Entwurf, Stand: März 1987 - GEP-E TA SI/OE -. Dieses Ziel und die im folgenden zitierten weiteren Ziele des GEP-E TA SI/OE sind im Anhang abgedruckt.

2) Vgl. hierzu Ziel 47, GEP-E Ta SI/OE.

3) S. 27.

4) S. 33.

5) Vgl. Bericht der Landesregierung zur Entwicklung Ländlicher Regionen in Nordrhein-Westfalen vom 11.8.1987, Landtagsdrucksache 10/2281, S. 11.

6) Vgl. hierzu insbesondere GEP-E TA SI/OE, Ziel 46.

7) Vgl. §§ 17, 19 Abs. 3, c, und 27 Abs. 1.

8) Vgl. GEP-E TA SI/OE, Ziele 12, 46, 47 und 49.

9) Vgl. Ziel 12.

10) Vgl. Ziel 47.

11) Vgl. den oben zitierten Bericht der Landesregierung, S. 42.

12) Vgl. Landesanstalt für Ökologie, Landschaftsentwicklung und Forstplanung Nordrhein-Westfalen: Ökologischer Fachbeitrag zum Gebietsentwicklungsplan des Regierungspräsidenten Arnsberg, Teilabschnitt Siegen/Olpe, Recklinghausen 1984, S. 180.

13) Vgl. a.a.O., S. 118 und 221.

14) Zum derzeitigen Stand der Gebietsentwicklungsplanung vgl. GEP-E TA SI/OE, Ziele 65 und 66.

15) Vgl. GEP-E TA SI/OE, Ziel 48, Abs. 2. Die Zielformulierung stammt noch aus der Zeit vor Inkrafttreten des Gesetzes zur Änderung des Landschaftsgesetzes und zur Änderung des Landesforstgesetzes vom 17. Febr. 1987 - GV. NW, S. 62. Der verwendete Begriff Aufforstung umfaßte damals noch die Anlage von Weihnachtsbaum- und Schmuckreisigkulturen.

16) Vgl. GEP-E TA SI/OE, Ziel 48, Abs. 2.

17) MBl. NW, S. 1676.

18) Vgl. GEP-E TA SI/OE, Ziel 48, Abs. 2, und 54.

19) Zum Versuch einer Gegensteuerung vgl. GEP-E TA SI/OE, Ziel 24, Abs. 3.

20) § 29, Abs. 1.

21) Vgl. LEPro, § 24, Abs. 4, und GEP-E TA SI/OE, Ziel 30.

22) Vgl. LEP III '87, B.1.2.1.

ÜBERLEGUNGEN FÜR EIN KONZEPT ZUR ERHEBUNG, BEWERTUNG UND UMSETZUNG ÖKOLOGISCHER GRUNDLAGEN IN EINEM STADTÖKOLOGISCHEN BEITRAG

von
Albert Schmidt und Karsten Falk, Recklinghausen

Gliederung

1. Einleitung

2. Inhalt einer stadtökologischen Untersuchung

    2.1 Reale Nutzung
    2.2 Versiegelungsgrad
    2.3 Tier- und Pflanzenwelt einschließlich der Stadtbäume
    2.4 Stadtklima
    2.5 Luftbelastungen
    2.6 Lärmbelastungen
    2.7 Boden und Relief
    2.8 Gewässer

3. Bewertung der Erhebungsergebnisse

    3.1 Bewertung der vorhandenen Flächennutzung
    3.2 Bewertung des Versiegelungsgrades
    3.3 Bewertung der Tier- und Pflanzenwelt einschließlich der Stadtbäume
    3.4 Bewertung des Stadtklimas
    3.5 Bewertung der Luftbelastungen
    3.6 Bewertung von Lärmbelastungen
    3.7 Bewertung von Bodenbelastungen
    3.8 Bewertung der Belastungen von Grundwasser und Oberflächengewässer

4. Umsetzung der Ergebnisse einer stadtökologischen Untersuchung

Anlagen 1-3

Literatur

Anmerkungen

1. Einleitung

Die Stadtökologie[1] führt bisher ein stiefmütterliches Dasein. Obwohl die Naturschutzgesetze ausdrücklich auch den besiedelten Bereich in die Bestrebungen von Naturschutz und Landschaftspflege einbezogen haben, liegt das Schwergewicht ökologischer Aktivitäten nach wie vor in der mehr oder weniger unbesiedelten Landschaft. Der zunehmende Flächenverbrauch in den Städten und die Belastungen des Naturhaushaltes in den Verdichtungsgebieten durch die hohe Intensität menschlicher Eingriffe in das ökologische Gefüge von Wasser, Boden, Luft, Flora und Fauna machen die konsequente Berücksichtigung stadtökologischer Gesichtspunkte und der Belange von Naturschutz und Landschaftspflege mehr denn je erforderlich. Den urbanen Ökosystemen der Großstädte sollte deswegen genau das gleiche Interesse entgegengebracht werden wie den naturnahen Ökosystemen der freien Landschaft.

Aufgabe der Stadtökologie ist es, die ökologischen Faktoren im städtischen Raum in ihren Ursachen, Wirkungen und gegenseitigen Abhängigkeiten zu erfassen. Die sich daran anschließende Analyse und Bewertung ist so durchzuführen, daß hieraus planerische Konsequenzen zur Verbesserung der Gegebenheiten aus ökologischer Sicht und der Lebensbedingungen der Menschen abgeleitet werden können.

Die über die Siedlungsgrenzen einer Stadt hinausgehenden stadtökologischen Aufgaben können nur in Zusammenarbeit zwischen den Trägern der Bauleitplanung und der Regionalplanung geleistet werden. Eine wirksame Stadtökologie setzt wegen ihrer großräumigen Bezüge die Integration in die Regionalplanung voraus.

Der folgende Beitrag beruht auf Erfahrungen und Überlegungen der Landesanstalt für Ökologie, Landschaftsentwicklung und Forstplanung Nordrhein-Westfalen (Lölf 1986a/Schmidt 1987). Er setzt sich mit der Bedeutung, Erhebung und Bewertung ökologischer Faktoren und Belastungsfaktoren einer Stadt auseinander und zeigt die Möglichkeiten der Umsetzung mit Hilfe eines stadtökologischen Beitrags auf.

2. Inhalt einer stadtökologischen Untersuchung

Probleme und offene Fragen aus ökologischer Sicht treten praktisch bei allen Umweltfaktoren einer Stadt auf. Es geht deswegen in diesem Kapitel darum, die Prozesse der Einflußnahme städtischer Umweltbelastungen auf die ökologischen Faktoren zu erkennen und festzulegen, welche Bereiche stadtökologischer Grundlagen auf jeden Fall zu erfassen sind.

Stadtökologische Untersuchungen sollten grundsätzlich die Umgebung einer Stadt mit einbeziehen, wobei die Größe des Untersuchungsraumes von der topographischen Situation bestimmt wird. Zur Einschätzung der ökologischen Faktoren ist es weiterhin nützlich, den Naturraumbezug durch eine Einbeziehung der ökologischen Raumgliederung herzustellen, die Beeinflussung der Stadt durch ihre geographisch/topographische Lage und die vorhandenen Nutzungen aufzuzeigen sowie die klimatischen, pedologischen und hydrologischen Besonderheiten und die bekannten Belastungen auch aus dem Umland grob skizzierend zu beschreiben.

2.1 Reale Nutzung

Die stadtökologische Untersuchung beginnt mit einer Beschreibung und Erfassung der vorhandenen Flächennutzung. Die reale Nutzung überdeckt oder prägt die abiotischen Faktoren, wie z.B. Boden, Klima oder Wasserhaushalt, und bestimmt den Handlungsspielraum für ökologisch orientierte Planungen und Maßnahmen. Ihre Erhebung liefert wichtige Hintergrundinformationen für alle ökologischen Faktoren.

Zur besseren Einschätzung von ökologischen Merkmalen hat es sich bewährt, die kartierten Flächennutzungen nach den folgenden Nutzungstypen zu untergliedern:

1. Kernbereiche der Stadt
2. Kernbereiche der Dörfer (nur wenn das Stadtgebiet deutlich sicht- und trennbare dörfliche Strukturen besitzt)
3. Geschlossene Wohnbebauung
4. Zeilen und Randbebauung
5. Offene Bebauung
6. Öffentliche Gebäude mit Freiflächen
7. Gewerbe- und Industrieflächen
8. Verkehrsflächen mit Begleitgrün
9. Landwirtschaftlich genutzte Flächen
10. Forstwirtschaftlich genutzte Flächen
11. Grünflächen aller Art
12. Siedlungs- und Industriebrachen einschl. Ödlandflächen
13. Wasserflächen aller Art
14. Sonstige Freiflächen.

2.2 Versiegelungsgrad

Von besonderer Bedeutung für die ökologische Situation ist der sich aus der bebauten Fläche ergebende Versiegelungsgrad einer Stadt. Die Asphaltierung oder Betonierung der Oberflächen führt zur Zerstörung von Lebensräumen für

Pflanzen und Tiere sowie zu gravierenden Veränderungen der bodenphysikalischen Eigenschaften mit negativen Auswirkungen auf die abiotischen Faktoren, wie z.B. Wasser und Klima.

Die Kartierung des Versiegelungsgrades einer Stadt stellt deswegen neben der Flächennutzung einen Schlüsselfaktor für die Analyse und Bewertung städtischer Flächen dar. Der Versiegelungsgrad sollte mit Hilfe von Luftbildern als Infrarot-Farbaufnahmen unterstützt durch Geländekontrollen im gleichen Maßstab wie die reale Nutzung ermittelt werden.

Ähnlich der Flächennutzung und der mit ihr eng verbundenen Versiegelung werden auch die ökologischen Faktoren und Funktionen einer Stadt stark von den durch natürliche, historische und sozio-ökonomische Bedingungen geprägten Stadtstrukturen bestimmt. Aus diesem Grunde sind die durch ihre Lage und Entwicklung sehr unterschiedlich ausgeprägten urbanen Ökosysteme nur schwer miteinander vergleichbar. Trotz dieser Vielfalt gibt es stadtspezifische Ausprägungen und Wirkungen der ökologischen Faktoren, die sich deutlich von denen des Umlandes abheben.

Wichtiger Bestandteil einer stadtökologischen Untersuchung ist die Erhebung der ökologischen Faktoren Tier- und Pflanzenwelt und Klima sowie der Belastungen von Luft, Boden und Gewässer und der Beeinträchtigungen durch Lärm.

2.3 Tier- und Pflanzenwelt einschließlich der Stadtbäume

Die Versiegelung und Zerstörung der Freiflächen und die erheblichen Belastungen von Böden und Gewässern einer Stadt haben zu einer drastischen Reduzierung der Tier- und Pflanzenarten geführt. Die naturnahen Gebiete sind auf Restflächen wie ältere Friedhöfe, Ödland und Brachflächen und extensive Parkanlagen reduziert.

Bei den Pflanzen wird der Artenrückgang zum Teil durch die Zuwanderung von Arten aus überwiegend mediterranen Bereichen Süd- und Südosteuropas (Neophythen) aufgewogen. Allerdings befinden sich auch die Pflanzen, die sich im Zuge der Stadtentwicklung und der städtischen Verdichtungsprozesse in den letzten 100 Jahren angesiedelt haben, wieder auf dem Rückzug. Bei Anhalten dieser Tendenz werden auf lange Sicht nur noch Allerweltsarten in der Stadt überleben können.

Für die Tierwelt der Städte ist typisch, daß sie einen höheren Anteil umwelttoleranter Arten, z.B. wärmeliebende und an Gestein gebundene Arten, die auf ganz bestimmte Lebensräume spezialisiert sind, aufweist als die Umgebung. Charakteristisch ist auch ein deutliches Ansteigen der Artenzahlen der wildlebenden Tiere vom Stadtzentrum zu den Stadtrandzonen. Insgesamt übersteigt die Anzahl der wildlebenden Tierarten die der wildwachsenden Pflanzen um das Mehrfache. Von der geschlossenen über die aufgelockerte Bebauung bis zu den dünn besiedelten Randzonen einer Stadt entwickeln sich die Vorkommen von Vögeln und Säugetieren zahlenmäßig etwa im Verhältnis 1:3:4. Die Farn- und Blütenpflanzen dominieren dagegen in Gebieten mit aufgelockerter Bebauung deutlich gegenüber der überwiegend landwirtschaftlich genutzten äußeren Randzone.

Eine Übersicht über die wildlebende Tier- und Pflanzenwelt städtischer Gebiete verschafft die Biotopkartierung, für die eine bundesweit abgestimmte Kartieranleitung vorliegt.

Die Kartierung sollte mit der Erfassung des Baumbestandes auf der Grundlage von Kartenauswertungen und der Auswertung von Luftbildern einschließlich einer Überprüfung in der Örtlichkeit beginnen.

Anschließend sind aus einer weiteren Differenzierung der Nutzungstypen (s. Anlage 1) Biotoptypenkomplexe abzuleiten, die als Grundlage für die Kartierung der schutzwürdigen Biotope dienen. Dazu gehören neben den am Anfang dieses Kapitels erwähnten Lebensräumen z.B. extensiv genutzte Industrie- und Gewerbeflächen, Bahndämme, Straßenränder, Böschungen, alte Mauern und Reste dörflicher Strukturen. Besonders in diesen Lebensräumen sollten, falls Rasterkartierungen über die Tier- und Pflanzenwelt für das gesamte Stadtgebiet vorerst nicht realisierbar sind, die höheren Pflanzen, die größeren Säugetiere und Tierarten, wie etwa Brutvögel, mit Bioindikatoreneigenschaften kartiert werden. Darüber hinaus bietet es sich an, in ausgewählten Nutzungstypen bestimmte Gruppen, z.B. Libellen für Feuchtgebiete oder Heuschrecken und Laufkäfer für terrestrische Biotope, zu erfassen. Bei den Geländeaufnahmen sind sichtbare Gefährdungen und Belastungen festzuhalten. Für die Ermittlung des Belastungsgrades von Bäumen haben sich Infrarot-Color-Luftbilder bewährt.

2.4 Stadtklima

Der ökologische Faktor Klima ist für die Stadt und ihre Menschen von besonderer Bedeutung. Das Stadtklima wird beeinflußt von den Wechselwirkungen zwischen Oberflächenbeschaffenheit und der Atmosphäre sowie den unterschiedlichen Nutzungsverhältnissen. Die Betrachtung des Faktors Klima verlangt deswegen die Berücksichtigung der stadtökologischen Aspekte in ihrer Gesamtheit und darf sich nicht nur auf meteorologische Fragestellungen beschränken. Für Maßnahmen zur Verbesserung des Stadtklimas bedeutet dies, sich eine möglichst genaue Kenntnis über die physikalischen Eigenschaften der meteorologischen Elemente und die sie beeinflussenden Faktoren zu verschaffen.

Das Stadtklima ist gegenüber der Umgebung z.B. durch Kriterien wie niedrigere Strahlung, Verdunstung, relative Luftfeuchtigkeit und Windgeschwindigkeiten sowie höhere Niederschläge, Temperaturen in Winter und Sommer und mehr Nebeltage gekennzeichnet.

Trotz der Einbindung des Stadtklimas in übergeordnete klimatische Verhältnisse reichen die Ausgleichswirkungen des großräumigen Klimas nicht aus, um die charakteristischen Eigenarten des Stadtklimas auszugleichen. Vor allem die hohe anthropogene Wärmeproduktion setzt in Großstädten Energiemengen frei, die direkt oder indirekt alle meteorologischen Einzelelemente beeinflussen. Während im ländlichen Umland große Teile der zugestrahlten Energie durch die Boden- und Pflanzenverdunstung gebunden werden, wird in der Stadt aufgrund des Mangels an solchen Flächen dieser Energieanteil in Wärme umgesetzt.

Schon durch die Trennung in bebaute Flächen und Grünflächen treten unterschiedliche thermische Verhältnisse auf. Auch die Bebauungsdichte und bauliche Gestaltung wirken sich auf das Stadtklima durch die Beeinflussung des Wärme- und Strömungsverhaltens aus. Dabei kann allerdings bis zu einer Bebauungsdichte von etwa 60 % durch das Auftreten von Turbulenzen sogar eine Temperaturreduzierung erreicht werden. Bei größeren Baudichten steigen dann die Temperaturwerte sprunghaft an. Ein linearer Zusammenhang zwischen baulicher Dichte und Gestaltung und den stadtklimatischen Bedingungen besteht nicht. Diese weichen vielmehr durch die unterschiedlichen Eigenschaften der Oberflächen und Baustrukturen zum Teil schon auf kleinem Raum im Verlauf eines Tages stark voneinander ab. Eine Stadt als komplexes Ganzes ist deswegen nur sehr schlecht klimatologisch in den Griff zu bekommen.

Im Rahmen einer stadtökologischen Grundlagenuntersuchung ist es nicht unbedingt notwendig, eine flächendeckende, alle meteorologischen Elemente und Jahres- bzw. Tageszeiten berücksichtigende stadtklimatische Erhebung durchzuführen. Für die klimatische Beeinflussung der Lebensbedingungen von Menschen, Pflanzen und Tieren sind vor allem die meteorologischen Parameter Wind, Temperatur, Luftfeuchte und Niederschläge verantwortlich. Sie ermöglichen es, in Verbindung mit anderen ökologischen Faktoren wie Relief, Boden, Vegetation und Gewässer sowie den Einflußgrößen Nutzungsart und Versiegelungsgrad Rückschlüsse auf die Durchlüftungsmöglichkeiten, die thermischen Verhältnisse, die Effektivität der Verdunstungsabkühlung, die bioklimatischen Wirkungen oder die lufthygienischen Belastungen zu ziehen.

Zur Erfassung des Stadtklimas bei allen Wetterlagen bieten sich stationäre Messungen von Lufttemperatur, Luftfeuchte, Niederschlägen und Wind an festen, repräsentativen Standorten in Wetterhütten an. Die Meßreihen sollten wenigstens eine Zeitdauer von 1-2 Jahren umfassen.

Bevorzugt bei austauscharmen Wetterlagen sollten zusätzliche Messungen von Lufttemperatur und Luftfeuchte im Rahmen von Meßfahrten mit Klimameßwagen auf repräsentativen Meßprofilen erfolgen. Gemessen werden sollte vor Sonnenaufgang, zur Zeit des Sonnenhöchststandes und nach dem Sonnenuntergang.

Die Auswahl der Meßstandorte und Meßrouten kann durch die Hinzuziehung von Infrarot-Thermal-Luftbildern erleichtert werden, da solche Wärmebilder kleinräumige thermische Eigenschaften der verschiedenen Nutzungstypen direkt sichtbar machen können.

Ergänzend zu den technischen Messungen bieten sich phänologische Beobachtungen an, wobei die klimatischen Standorteigenschaften aus den Wachstums- und Blütephasen bestimmter Pflanzen, z.B. Beginn der Apfelbaum- oder Kirschbaumblüte, abgelesen werden können.

Durch Analogieschlüsse und Interpretationen ist es aufgrund solcher Messungen möglich, für die gesamte Stadt eine klimatische Aussage zu treffen. Bei der kartenmäßigen Darstellung bietet es sich an, Flächen mit gleichen oder ähnlichen klimatischen Eigenschaften zu Klimatopen zusammenzufassen. Mit Hilfe solcher aggregierter Klimatope, die sich in ihrer räumlichen Abgrenzung eng an die Abgrenzung städtischer Nutzungstypen anlehnen, sind Aussagen über die bodennahen Wärme-, Luftfeuchte- und Windverhältnisse möglich. Darüber hinaus können auch Angaben zu den Funktionen der Klimatope als Überhitzungsbereiche, Abkühlungsflächen oder Durchlüftungsbereiche bei austauschstarken wie austauschschwachen Wetterlagen gemacht und die Wirkungsrichtung innerhalb eines oder zwischen mehreren Nutzungstypen aufgezeigt werden.

2.5 Luftbelastungen

Stadtklima und Luftbelastung hängen eng zusammen. Die Dunstglocke über einer Stadt und die urbanen Wärmeinseln zählen zu den markantesten Erscheinungen des Stadtklimas. Die überwiegend anthropogen erzeugten Verunreinigungen der Luft gehören mit zu den stärksten Beeinträchtigungen der städtischen Bevölkerung. Die Belastung der Stadtluft mit Schadstoffen hat einen ausgeprägten Tages-, Wochen- und Jahresgang in Abhängigkeit von Witterungseinflüssen wie Windrichtung und Windstärke, von Niederschlägen, Temperatur und vertikaler Temperaturschichtung. Neben der horizontalen Verteilung der atmosphärischen Belastung gibt es daher auch eine vertikale mit unterschiedlichen Schwerpunkten. In Abhängigkeit der Emittenten bilden sich Maxima von Luftbelastungen in Bodennähe, über den Dächern und in der Höhe der Industrieschornsteine.

Eine systematische Immissionsüberwachung der wichtigsten Luftverunreinigungen als Gase, Dämpfe und Stäube findet seit mehr als 20 Jahren in den 5 Belastungsgebieten an Rhein und Ruhr statt. Die Ergebnisse werden in den im ca. 5jährigen Turnus fortgeschriebenen Luftreinhalteplänen dargestellt. Für die Immissionskomponenten Schwefeldioxid, Fluorverbindungen, Schwebstoffe sowie Blei-, Zink- und Cadmiumverbindungen werden seit mehreren Jahren abnehmende Belastungen festgestellt. Dennoch führen gelegentlich meteorologische Faktoren vor allem im Winter zu Smog-Perioden verschiedener Alarmstufen. Die Erfassung und Analyse der Luftbelastung einer Stadt sollte genau wie bei anderen ökologischen Faktoren möglichst räumlich differenziert für Nutzungstypen durchgeführt werden, auch wenn dies tatsächlich nur für ausgewählte Schadstoffe möglich sein wird.

Die Ermittlung der luftchemischen Belastungen ist aufwendiger als bei den meteorologischen Parametern. Aus diesem Grunde ist zuerst festzustellen, ob Meßwerte z.B. aus Emissions-, Immissions- und Wirkungskataster für die Belastungsgebiete an Rhein und Ruhr vorliegen. Allerdings fehlt diesen Informationen der räumliche Bezug, so daß keine nutzungstypspezifischen Aussagen möglich sind. Die von bestimmten Punktquellen einer Stadt bekannten Emissionswerte sollten mit Angabe ihres vermuteten Immissionsgebietes in Karten eingetragen werden. Da die Meßnetzdichte der ortsgebundenen Stationen (TEMES-Station) zur Ermittlung der Luftbelastungen aus finanziellen und technischen Gründen begrenzt ist, sind für eine bessere flächenhafte Auslösung der Schadstoffmessungen ergänzende Messungen mit Meßwagen notwendig. Hierbei müssen jedoch die Vorteile kontinuierlicher Zeitreihen aufgegeben werden.

Zur Ermittlung der bereits sichtbaren Auswirkungen von Luftverunreinigungen bietet sich die Kartierung von Schäden an Gebäuden, z.B. mit Hilfe der Behörden des Denkmalschutzes, an. Eine Einschätzung der allgemeinen Belastungssituation kann auch durch die Kartierung von wildwachsenden oder eigens dafür ausgebrachten Pflanzen mit Bioindikationseigenschaften erfolgen. Als solche Bioindikatoren eignen sich besonders gut epiphytische Flechten. Selbst kleinste Schadstoffmengen führen zu Veränderungen in Menge, Vielfalt und Verbreitung dieser Flechten. Aus den Ergebnissen lassen sich Zonen abgrenzen, die von flechtenleeren Zonen (Flechtenwüsten) bis zu Zonen mit unterschiedlicher Ausprägung in Anzahl und Schädigungsgrad der Flechten im Außenbereich der Städte reichen.

2.6 Lärmbelastungen

Der Lärm ist ebenfalls ein typisches Merkmal urbaner Ökosysteme mit großem Einfluß auf das Wohlbefinden der Menschen. In einer stadtökologischen Untersuchung ist deswegen auch die Lärmsituation der Stadt einzubeziehen. Die flächendeckende Erfassung des Lärms für den gesamten Stadtbereich scheitert oft am hohen Aufwand. Bei punktuellen Messungen sind Wohngebiete in der Nachbarschaft stark befahrener Straßen oder lärmerzeugender Gewerbe- und Industriegebiete sowie für die ruhige Erholung vorgesehene Freiflächen zu bevorzugen. Bei allen Lärmmessungen und den daraus abzuleitenden flächenhaften Darstellungen für Teilbereiche der Stadt ist zu berücksichtigen, daß die Ausbreitungsrichtung und Ausbreitungsintensität von Lärm stark von den jeweiligen Witterungsbedingungen abhängt. Für die Erfassung der Lärmsituation vor allem an Straßen und von lärmerzeugenden Gewerbe- und Industriebetrieben ist die Auswertung vorliegender Verkehrsmengenkarten und Lärmkataster von großem Nutzen. Der bedeutendste Lärmerzeuger ist der Straßenverkehr. Ab 500 Fahrzeugen je Stunde werden bereits Belastungen von 60-80 dB (A) erreicht, so daß Lärmschutzmaßnahmen notwendig sind.

2.7 Boden und Relief

Mit der Überbauung des städtischen Siedlungsraumes und der Versiegelung der Oberflächen geht ein zumeist irreversibler Verlust des Oberbodens einher. Hinzu kommen noch starke Belastungen durch Schadstoffe. Nur noch in Teilräumen der Stadt kann der Boden seine Funktionen als naturgegebener Lebensraum für Pflanzen und Tiere, Teil der ökosystemaren Stoffkreisläufe, Grundwasserspeicher und prägendes Element von Natur und Landschaft erfüllen.

Böden in der Stadt sind mit Ausnahme von Haus- und Kleingärten und ggf. noch Parkanlagen gekennzeichnet durch eine deutliche Humusarmut, eine durch Verdichtungsprozesse ausgelöste Verminderung der Sauerstoff- und Stickstoffversorgung, durch Wassermangel und erhöhte pH-Werte.

Mit der Veränderung des Bodens geht im Stadtgebiet häufig auch eine Zerstörung des Reliefs einher. Die natürlichen Oberflächenformen der ursprünglichen Landschaft werden durch Bebauung, Abgrabung oder Aufschüttung überprägt. Nur bebauungsfeindliche Reliefs, wie etwa steile und relativ hohe Hangflanken, können ihren natürlich gliedernden Einfluß in einer Stadt bewahren.

Eine besondere Bedeutung kommt dem Boden als Senke von persistenten Schadstoffen zu. Vorrangige Bedeutung haben die Schwermetalle Blei, Cadmium und Zink sowie die polycyclischen aromatischen Kohlenwasserstoffe (PAK). Hauptemissionsquellen sind Schadstoffe emittierende Industriebetriebe und im besonderen Maße in den Ballungsgebieten das Auto. Durch Untersuchungen ist belegt, daß bei der Kontamination von Metallen deutliche Mengenunterschiede zwischen städtischen und ländlichen Bereichen bestehen. Dabei zeigte sich auch, daß nicht nur die absoluten Verkehrsmengen, sondern auch die Effektivität des bodennahen Luftaustausches entscheidend ist für die Anreicherung von Luftschadstoffen im Boden.

Zusätzlich zur Kontamination von Schwermetallen und organischen Schadstoffen tritt in den Randbereichen von Straßen eine Belastung durch Streu- bzw. Auftausalze auf. Mehrjährige Untersuchungen in verschiedenen Städten ergaben, daß Streusalz nur sehr langsam in den Unterboden verlagert wird. Bei normalem Witterungsverlauf dauert es 1-2 Jahre, bis das Streusalz eine Tiefe von 2 m erreicht hat und dann nicht mehr den Wurzelraum belastet. Allerdings entstehen durch die Verlagerung von Schadstoffen mit dem Sickerwasser ins Grundwasser neue, auch die Menschen belastende Probleme.

Schließlich ist auch das Altlastenproblem für zahlreiche Städte brisant geworden. Im Zuge der Restflächennutzung innerhalb des Stadtgebietes wurden Aufschüttungsflächen, rekultivierte Halden, Deponien sowie Industriebrachen neuen Nutzungen zugeführt. Die Belastung dieser Standorte durch eine Vielzahl oftmals unbekannter Stoffe kann nachträglich die Sekundärnutzung als Bau-, Wohn-, Kleingartengelände oder Erholungsgebiet in Frage stellen.

Diese nicht lückenlose Aufzählung von Bodenproblemen belegt die Notwendigkeit einer systematischen Kartierung der Böden und deren Belastungen. Zur Herstellung räumlicher Bezüge der Bodenverhältnisse bietet es sich an, die im allgemeinen den Bodenkarten zu entnehmenden Bodentypen[2] als räumlich funktionale Einheiten (Bodengesellschaften) abzugrenzen und für jede Einheit die pH-Werte, den Grundwasseranschluß der Böden bis etwa 1,5 m Tiefe und die geomorphologischen Eigenarten anzugeben[3].

Zusätzlich sind für alle Freiflächen die Bodenbelastungen mit Schwermetallen und organischen Schadstoffen (PCB`s und PAK`s) durch Rasteruntersuchungen (optimal wären 100X100 m Raster) zu ermitteln. In besonders belastungsgefährdeten Gebieten, in Überschwemmungsgebieten, in Haus- und Kleingärten, in Industrie- und Straßennähe oder auf mehrfach mit Klärschlamm gedüngten landwirtschaftlichen Nutzflächen und ehemaligen Erzabbau- bzw. -verhüttungsflächen ist das Untersuchungsraster gegebenenfalls zu verdichten und sind zusätzlich Kulturpflanzen auf Schwermetalle und organische Schadstoffe zu untersuchen.

Die ermittelten Ergebnisse sind in einem Bodenbelastungskataster zusammenzuführen, das nach den Auswertungsanforderungen einer stadtökologischen Untersuchung mit Hilfe der ADV zu organisieren ist. Die Informationen über die Belastungen müssen nach Art der Belastungsquellen die räumliche Zuordnung zu Nutzungstypen oder Bodengesellschaften ermöglichen. Auch die Altlasten sind in diesem Bodenbelastungskataster zu erfassen.

2.8 Gewässer

Durch eine höhere Anzahl von Kondensationskernen in der Luft wird die Niederschlagsmenge und die Häufigkeit von Nebel in der Stadt erhöht. Gleiches gilt auch für die Häufigkeit und Ergiebigkeit von Starkregen im Siedlungsraum, wofür der größere Wärmeinhalt der atmosphärischen Grundschicht maßgebend ist. Dennoch ist gegenüber dem Umland keine beständige Verbesserung des Oberflächen- und Grundwasserhaushaltes festzustellen, denn der Abfluß des Wassers in der Stadt erfolgt durch die Versiegelung der Flächen wesentlich schneller. Die eingeschränkte Grundwasserneubildung, der vermehrte Verbrauch von Grundwasser für Industrie, Gewerbe, Kraftwerke und Haushalte oder Absenkungen des Grundwasserspiegels durch ständiges Abpumpen für Baumaßnahmen sind die Gründe dafür, daß der Bedarf von Trink- und Brauchwasser einer Stadt nur von außen gedeckt werden kann.

Neben den quantitativen Aspekten sind die qualitativen Veränderungen des städtischen Wasserhaushalts durch die Anreicherung mit Schadstoffen aus einer Vielzahl von Quellen und die zunehmende Eutrophierung von besonderer Bedeutung. Eine gesicherte Bilanzierung und Abschätzung der Grundwassergefährdung in Ballungsgebieten ist gegenwärtig noch nicht möglich.

Für den Gewässerbereich lassen sich die zentralen stadtökologischen Probleme auf folgende Aspekte eingrenzen, die bei der Erhebung zu berücksichtigen sind:

a) zu geringe Menge des Bodenwassers und zu geringe Grundwasserneubildung,
b) schlechte Wasserqualität,
c) gefährdeter ökologischer Zustand der Oberflächengewässer und ihrer Umgebung.

Zur Ermittlung der Wasserqualität sind Probenahmen und chemische Untersuchungen an ausgewählten Standorten für Oberflächengewässer und Grundwasser unumgänglich. Die Untersuchungen sollten der Überwachungsstufe 2 der Gewässergüte-Überwachung entsprechen.

Diese beinhaltet 4-6 x jährlich die Ermittlung einer Reihe von Nährstoffen und Salzen sowie der Parameter ph-Wert, Temperatur, Sauerstoffgehalt, Leitfähigkeit und 1 x jährlich des Gesamtphosphats.

Ausgehend von den Basismeßstellen zur Erfassung der Grundwassersituation ist für ein Stadtgebiet eine räumlich abgegrenzte Beobachtung der Höhe, Fließrichtung und Beschaffenheit des Grundwassers erforderlich. Mit Hilfe von Trendmeßstellen sollten darüber hinaus die zeitlichen und räumlichen Veränderungen in der Grundwasserbeschaffenheit, die z.B. dichte Besiedlung, Industrialisierung oder intensive landwirtschaftliche Nutzung verursachen, ermittelt werden. Ihre

Auswahl und räumliche Verteilung ist weitgehend nutzungsspezifisch. In solchen Sonderuntersuchungen sind vor allem Schwermetalle, Kohlenwasserstoffe, Chlorkohlenwasserstoffe, Nitrate und mikrobiologische Parameter einzubeziehen.

Bei der Erfassung des ökologischen Zustandes der Oberflächengewässer und ihrer Ufer ist das von der Lölf und dem LWA[4)] 1985 entwickelte Verfahren zugrundezulegen. Es geht von einer Erfassung typischer Bewertungsmerkmale von Fließgewässern, wie geomorphologische Strukturelemente, Fließverhalten, Gewässergüteklasse, Wasserpflanzengesellschaften, Ufervegetation und ausgewählte Tiergruppen für den aquatischen, amphibischen und terrestrischen Bereich, aus.

Die notwendige Sanierung der Kanalsysteme vieler Gemeinden, die Problematik der Fremdanschlüsse bei Trennsystemen und die Verbesserungsbedürftigkeit zahlreicher Kläranlagen erfordert eine systematische Untersuchung der "Güte" von Grund- und Oberflächengewässer zum Aufspüren von Schwachstellen in den Entsorgungssystemen. Im Rahmen der Aufstellung von Sanierungskonzepten für die Entsorgungssysteme einer Stadt ist die Schaffung von Trennsystemen (getrennte Ableitung von Regen- und Schmutzwasser) anzustreben. Als dringend notwendig hat sich in vielen Städten auch die Überprüfung bzw. Erneuerung des Kanalnetzes erwiesen. Darüber hinaus sollte neben der Vermeidung der Entstehung von Abfällen und Abwässern auch die konsequente Wiederverwertung (Recycling) für jede Stadt zur Selbstverständlichkeit werden. Dies setzt eine differenzierte Trennung der verschiedenen Abfallarten (zumindest von Papier, Glas und organischen Abfällen) und das getrennte Einsammeln und Verwerten voraus.

3. Bewertung der Erhebungsergebnisse

Die Ergebnisse aktueller stadtökologischer Erhebungen und bereits vorliegende Daten sind zu analysieren und zu bewerten. Die Bewertung der ökologischen Bedeutung, des Erfüllungsgrades ökologischer Funktionen und der Belastungen der einzelnen Nutzungstypen wirft eine Reihe von Problemen und noch offenen Fragen auf.

Von mehr grundsätzlicher Bedeutung ist die häufig von Planern zu hörende Forderung, die zahlreichen Einzelergebnisse stadtökologischer Untersuchungen in eine multifaktorielle Bewertung einzubeziehen. Als Ergebnis wünscht man sich "Öko-Indizes" für bestimmte Nutzungstypen oder Stadtteile. Dieser Bewertungsansatz läuft auf die Erstellung einer Synthesekarte heraus, die bei Inkaufnahme von Verlust an Information und Genauigkeit über eine generalisierende Nivellierung der Einzelaussagen zustande kommt. Eine solche Synthesekarte hätte nur einen eingeschränkten Wert. Sie könnte für eine großräumige, vergleichende Raumbeschreibung herangezogen werden und die angestrebte Einbindung der Ergebnisse einer stadtökologischen Untersuchung in die Regionalplanung erleichtern. Auch wäre sie geeignet, um das ökologische Wechselspiel zwischen Stadt und Umland darzustellen und die Einbeziehung ökologischer Ausgleichswirkungen benachbarter Außenbereiche zu ermöglichen. Die für städtische Räume notwendige, möglichst konkrete und räumlich begrenzte ökologische Bewertung kann jedoch nur mit einem differenzierenden, monofaktoriellen Bewertungsansatz erreicht werden, auf den in diesem Beitrag näher eingegangen werden soll.

Für eine Reihe von Schadstoffen, die in Böden, in der Luft und in Gewässern anzutreffen sind, sowie für Lärmbelastungen gibt es zur Einschätzung des Belastungsgrades und der Gefährdung für die menschliche Gesundheit Grenz- bzw. Richtwerte. Allerdings fehlen solche Werte noch für zahlreiche Schadstoffe, wie etwa organische Verbindungen, so daß bei der Gefährdungsabschätzung noch Lücken bleiben.

Für die Bewertung der ökologischen Bedeutung der verschiedenen Nutzungstypen einer Stadt, die über eine Grobeinschätzung hinausgeht, werden immer wieder nachvollziehbare und objektive Wertmaßstäbe von den Ökologen gefordert. Diese lassen sich z.B. bei der Bewertung einer Fläche für den Biotop- und Artenschutz bekanntermaßen nicht mit physikalischen oder chemischen Meßergebnissen belegen, sondern werden von Kriterien wie u.a. Artenvielfalt oder Anzahl gefährdeter Tier- und Pflanzenarten der "Roten Listen" bestimmt. Erst langsam beginnt sich in den planenden Verwaltungen die Akzeptanz auch solcher Kriterien durchzusetzen.

Bei der Bewertung ökologischer Faktoren kommt darüber hinaus erschwerend noch hinzu, daß der mit einer Bewertung angestrebte Zweck es verlangt, eine möglichst exakte flächenmäßige Darstellung ökologischer Funktionen und vorhandener Belastungen zu erreichen. Dies wird jedoch häufig erschwert oder ist nur unvollständig, weil

- die Daten unterschiedlich strukturiert sind und es sich zum Teil um Grunddaten und teilweise um abgeleitete Daten handelt
 oder
- die Daten uneinheitlich als flächendeckende, lineare oder punktförmige Informationen vorliegen.

Um die aufgezeigten Schwierigkeiten nicht noch weiter zu vergrößern, ist es erforderlich, bei der Beurteilung deutlich zwischen den vorhandenen Belastungen und dem Erfüllungsgrad ökologischer Funktionen zu unterscheiden. Die Belastungen sind anhand der Grenz-, Schwellen- und Richtwerte nutzungstypenbezogen oder für größere Bemessungsräume zu beurteilen. Die Bewertung der Ausprägung ökologischer Einzelmerkmale der verschiedenen Nutzungstypen bedarf dagegen fast immer der Heranziehung mehrerer Kriterien. Eine Ausnahme macht die Bewertung einer Fläche hinsichtlich der Arten- und Biotopschutzfunktionen, weil bereits das Vorkommen seltener bzw. gefährdeter Tier- und Pflanzenarten ausreichen kann, um den Wert der Fläche für diese Funktion zu bestimmen. Bei der Bewertung der Klimafunktion von Nutzungstypen bedarf es dagegen der Heranziehung von Kriterien wie etwa Abkühlungseffekte, Eignung zur Erhöhung der Verdunstungsrate oder Vorhandensein von Durchlüftungseigenschaften, die über verschiedene Meßwege ermittelt werden müssen. Ähnlich hoher Aufwand ist z.B. bei der Beurteilung der Boden- und Grundwasserschutzfunktionen zu leisten, wobei Kriterien wie Bodenart, Durchlässigkeit, Porenvolumen, Humus- und Tongehalt und Pufferungseigenschaften eine Rolle spielen.

Hieraus ist abzuleiten, daß in der Regel die Beurteilung von ökologischen Funktionen einer Vielzahl von Einzelkriterien bedarf. Darüber hinaus sollten bei der Bewertung ökologischer Funktionen und von Belastungen folgende Gesichtspunkte beachtet werden.

- Bei der Bewertung sollte bevorzugt auf erprobte Methoden für die einzelnen ökologischen Faktoren zurückgegriffen werden. Damit wird die Voraussetzung geschaffen, um stadtökologische und landschaftsökologische Erkenntnisse und Ergebnisse zu einem durchgängigen und übergreifenden Konzept zusammenzufügen. Gleichzeitig wird verhindert, daß die Stadt als ein abgeschlossener Planungsraum ohne Berücksichtigung des Umlandes behandelt wird.

- Bei der Bewertung urbaner Ökosysteme sollte der Naturraumbezug hergestellt und dabei beachtet werden, daß gleiche Nutzungstypen je nach Lage in der Ebene, im Tal oder am Hang ihre spezifischen ökologischen Merkmale haben.

- Durch die Lage im Stadtgebiet kann sich die ökologische Wertigkeit der Nutzungstypen verändern. Zwei gleich strukturierte Grünflächen werden z.B. für den Biotop- und Artenschutz oder das lokale Klima unterschiedliche Bewertungen je nach Lage im Stadtzentrum oder im Stadtrandbereich erhalten.

Das Wachstum der Städte mit ihren steigenden Überbauungen und zunehmenden Flächenversiegelungen hat bestehende Ausgleichswirkungen vermindert oder unterbunden und somit ungewollt die fortschreitende Verschlechterung der natürlichen Lebensgrundlagen begünstigt. Es sollte das Ziel stadtökologischer Bestrebungen sein, in den Städten wieder naturnahe Strukturen und ökologische Bedingungen zu schaffen, die in sich stabil sind bzw. zu einem ökologisch-funktionalen Ausgleich zwischen unterschiedlich belasteten Stadträumen beitragen. Ein Wertmaßstab für die ökologische Stabilität ist der Grad der Naturnähe.

Naturnähe im hier verstandenen Sinne bedeutet, die Faktoren des Naturhaushaltes, vor allem Boden, Wasser, Vegetation und Tierwelt, in einer vom Menschen möglichst nur wenig beeinflußten Form zu erhalten bzw. wiederherzustellen.

Bei der Einstufung der ökologischen Bedeutung der kleinräumigen Bezugseinheiten einer Stadt ist allerdings zu berücksichtigen, daß sich die natürlichen Leistungsvermögen urbaner Ökosysteme von denen terrestrischer Ökosysteme der freien Landschaft unterscheiden. Es ist Aufgabe der monofaktoriellen Bewertung der ökologischen Faktoren und Belastungen einer Stadt, diese Unterschiede herauszuarbeiten und zu einer nachvollziehbaren Bewertung zu kommen.

In den folgenden Kapiteln wird versucht aufzuzeigen, welche Bewertungsmethoden und Hilfsmittel dafür in Frage kommen können.

3.1 Bewertung der vorhandenen Flächennutzung

Durch die Flächennutzung wird die Eignung für bestimmte ökologische Funktionen und die Entfaltung ökologischer Ausgleichswirkungen bestimmt. Darüber hinaus ist die Flächennutzung auch maßgebend für die Verbreitung von Belastungen. Zur besseren Einschätzung der nach Nutzungstypen erfaßten Flächennutzungen wird eine Gruppierung der Katasterflächen nach ökologischen Gesichtspunkten vorgeschlagen. Die von Scharpf entwickelte Gruppierung sieht eine grobe Zuordnung der Katasterflächen nach den Kriterien "ökologisch besonders bedeutsam", "mittlere ökologische Bedeutung" und "geringe ökologische Bedeutung" vor. Für die einzelnen Flächennutzungen sind die Flächenanteile an der Gesamtfläche zu quantifizieren und der Beschreibung der Nutzungstypen hinsichtlich deren ökologischer Bedeutung zugrundezulegen (s. Anlage 2).

3.2 Bewertung des Versiegelungsgrades

Für den Faktor Versiegelungsgrad hat sich ein Bewertungsschlüssel mit einer fünfteiligen Skala beim Umwelt-Atlas von Berlin bewährt.

Die Übersicht macht deutlich, daß der Grad der Vegetationsbedeckung die ökologische Bedeutung bestimmt. In den Grenzbereichen der einzelnen Versiegelungsgrade überschneiden sich die Stufen "gering", "mäßig", "mittel", "stark" und "sehr stark" versiegelt jeweils mit 5 %.

Versiegelung in %	Versiegelungsgrad	Beschreibung	ökologische Bedeutung
0 - 15	gering	vegetationsbedecktes Gebiet	sehr hohe
10 - 50	mäßig	überwiegend vegetationsbed. Gebiet oder offener, (biotisch) besiedlungsfähiger Boden	hohe
45 - 75	mittel	Vegetation tritt gegenüber Bebauung zurück	mittlere
70 - 90	stark	Bebauung dominiert, nur stellenweise Vegetation	geringe
85 - 100	sehr stark	Vegetation nur in Resten vorhanden	fast keine

(nach Umweltatlas Berlin 1985)

Auch bei diesem Faktor ist eine flächendeckende Darstellung der Bewertungsergebnisse sinnvoll, wobei eine weitere Differenzierung der bereits nach ihrer ökologischen Bedeutung eingestuften Nutzungstypen möglich wird. Ggf. sind die in der Anlage 1 weiter untergliederten Nutzungstypen (Biotoptypenkomplexe) heranzuziehen, um die naturräumlichen Bezüge herzustellen, die Standorteigenschaften herauszuarbeiten und die ökologische Bedeutung im einzelnen zu beschreiben.

3.3 Die Bewertung der Tier- und Pflanzenwelt einschließlich der Stadtbäume

Die flächendeckend erfaßten und charakterisierten Biotoptypenkomplexe haben es ermöglicht, die möglicherweise schutzwürdigen Biotope abzugrenzen und sie näher zu untersuchen. Bei der Einstufung der Schutzwürdigkeit der Biotope sollte die landesweit erprobte Methodik zugrundegelegt werden[5]. Der Bewertungsrahmen für die Schutzwürdigkeitsbestimmung der Biotope mit deren wildlebenden Tier- und Pflanzenarten geht von Kriterien wie Seltenheit, Gefährdungsgrad, Ersetzbarkeit, Entwicklungstendenzen, Struktur- und Artenvielfalt, Repräsentanz und Vollkommenheit aus. Aufgrund der mit Hilfe der ADV durchgeführten Bewertung erfolgt die Einstufung als landesweit, regional oder lokal bedeutsames Biotop, wobei auch Flächengröße und Lage als Zusatzkriterien hinzugezogen werden. Allerdings können sich die Einstufungskriterien im Laufe der Zeit in Abhängigkeit von der floristisch-faunistischen Bestandssituation verändern.

Die Auswertung der Stadtbiotopkartierung sollte durch die Ergebnisse der Rasterkartierungen bestimmter Tiergruppen, vor allem Vögel und Amphibien, ergänzt werden. Mit Hilfe der Indikatoreigenschaften dieser Tierarten kann der Grad der Naturnähe zwischen Nutzungstypen bestimmter Nutzungsstruktur oder gleicher Nutzungstypen in unterschiedlich stark belasteten Stadtbereichen verglichen werden.

Für eine Bewertung des Gesundheitszustandes von Stadtbäumen bieten sich Color-Infrarot-Luftbilder an, die es ermöglichen, durch Blattverfärbungen Krankheiten oder Vitalitätsschwächen recht früh zu erkennen:

Stufe 1 = ohne erkennbare Schäden an Blättern und Zweigen
Stufe 2 = leichte Schäden an den Blättern
Stufe 3 = starke Schäden an den Blättern
Stufe 4 = schwere Schäden und abgestorbene Baumteile

3.4 Bewertung des Stadtklimas

Für jedes Klimatop ist im Rahmen der Bewertung die ökologische Funktion, z.B. als Überhitzungs-, Abkühlungs- oder Durchlüftungsbereich, bei austauschstarken oder austauschschwachen Wetterlagen neben den allgemeinen Aussagen über Wärme-, Luftfeuchte-, Niederschlags- und Windverhältnisse anzugeben. Die Klimatope sind mit den Nutzungstypen in Verbindung zu bringen und nutzungstypische Klimafunktionen herauszustellen.

3.5 Bewertung der Luftbelastungen

Für die Bewertung der ermittelten Luftbelastungen sind die Immissionswerte für Stäube und Gase der TA-Luft heranzuziehen. Zur weiteren Eingrenzung der Belastungssituation sind für die verschiedenen Nutzungstypen die Wirkungsrichtungen der von ihnen ausgehenden belastenden oder entlastenden Eigenschaften zu beschreiben. Daran anschließend können unter Einbeziehung klimatologischer Parameter diejenigen Flächen gekennzeichnet werden, von denen vor allem bei austauschschwachen Wetterlagen Belastungen ausgehen oder die bestimmte ökologische Funktionen zu übernehmen in der Lage sind. Dazu gehören z.B.

a) Flächen mit Schadstoffemissionen und einer davon ausgehenden Umgebungsbeeinflussung bei den unterschiedlichen Wetterlagen,

b) Flächen, die nur geringe Schadstoffbelastungen besitzen und die aufgrund ihres Abkühlungsverhaltens lufthygienische und bioklimatische Ausgleichsfunktionen übernehmen und positive Wirkungen auch in benachbarten Räumen verbreiten können,

c) Flächen, die dazu beitragen, Schadstoff-Emissionen zu filtern oder zu binden,

d) Flächen, in denen bioklimatische Schwüle- oder Wärmebelastungen auftreten und von denen gegebenenfalls auch Wärmebelastungen benachbarter Räume ausgehen.

3.6 Bewertung von Lärmbelastungen

Die ermittelten Werte der Lärmbelastung lassen es zu, die Nutzungstypen in folgende drei Belastungsstufen einzuteilen:

I = 30 - 59 dB (A): Lärm noch erträglich, wird aber schon als unangenehm empfunden, Schlafstörungen treten ab 40-50 dB (A) auf.

II = 60 - 89 dB (A): Vegetatives Nervensystem wird zunehmend belastet. Sprachliche Verständigung ist gestört. Ab 85 dB (A) ist Gehörschutz erforderlich.

III = 90 - 120dB (A): Erhebliche Beeinträchtigung des Nervensystems, Schädigungen des Hörapparates, die z.T. irreversibel sind.

Darüber hinaus enthält die TA-Lärm für die verschiedenen Flächennutzungen einer Stadt Immissionsrichtwerte für die Stadtplanung.

3.7 Bewertung von Bodenbelastungen

Hierbei geht es einmal um die Bewertung der Standorteigenschaften der Nutzungstypen bzw. Bodengesellschaften auf der Grundlage der ermittelten Boden- und Grundwasserverhältnisse. In Hamburg wurde der Versuch gemacht, mit einer Bodenfunktionszahl (BFZ) den Funktionswert einer Fläche anzugeben. Die BFZ wird aus dem Versiegelungsgrad, der Eignung als potentieller Pflanzenstandort und dem Beeinträchtigungsgrad der Bodenfunktionen (natürliche Fruchtbarkeit, physikalische Eigenschaften usw.) errechnet. Ein solcher Bewertungsansatz sollte trotz zahlreicher noch offener Fragen weiter verfolgt werden.

In einem zweiten Bewertungsschritt sind die Böden, vor allem soweit es sich um landwirtschaftliche und gartenbauwirtliche Nutzungen oder um Klein- und Hausgärten handelt, hinsichtlich der für die menschliche Gesundheit relevanten Schadstoffe zu bewerten. Bewertungsmaßstab bilden die Grenzwerte der Klärschlammverordnung für Schwermetalle sowie Lebensmittel-Richtwerte und Futtermittelgrenzwerte für die Belastung von Kulturpflanzen mit Schwermetallen.

Bei der Bewertung von organischen Schadstoffen in Böden und Pflanzen ist der Rd.Erl. vom 25.3.1988 "Analyseverfahren für Untersuchungen im Zusammenhang mit der Abfallentsorgung und mit Altlasten" zu berücksichtigen[6].

Einen dritten Bewertungsbereich stellen die Flächen mit Altlasten dar, die inzwischen in fast allen Städten systematisch erfaßt worden sind. Für eine Einschätzung des Gefährdungspotentials der organischen Schadstoffe (z.B. chlorierte Kohlenwasserstoffe) sollte - solange Grenzwerte für organische Schadstoffe noch fehlen - das zur Zeit für eine landeseinheitliche Bewertung erprobte Verfahren auf der Grundlage von Schwellenwerten angewendet werden.

3.8 Bewertung der Belastungen von Grundwasser und Oberflächengewässer

Die Bewertung der für die Versickerung von Niederschlägen zur Verfügung stehenden Flächen mit Bedeutung für die Grundwasserneubildung erfolgt mit Hilfe der Kartierung des Versiegelungsgrades. Zusammen mit den Abflußbeiwerten für den Regenwasserabfluß bestimmter Nutzungstypen kann die Flächeneignung bewertet werden mit dem Ziel, die Bodenversickerung zu fördern und damit die Möglichkeiten der Grundwasserneubildung zu verbessern. Die Bewertung der Bodenverhältnisse ermöglicht es darüber hinaus, die Nutzungstypen zu markieren, die für den Grundwasserschutz von Bedeutung sind.

Für die Beurteilung der Gewässergüte für Oberflächengewässer liegt landesweit eine Klassifikation mit den Güteklassen I (unbelastet bis sehr gering belastet) bis IV (übermäßig verschmutzt) vor. Der Bewertung des ökologischen Zustandes von Fließgewässern ist einem Bewertungsverfahren zugrundezulegen, das z.Zt. in Nordrhein-Westfalen getestet wird. Die im Rahmen der Zustandserfassung ermittelten Bewertungsmerkmale werden mit Hilfe einer fünfstufigen Skala gewichtet. Als Ergebnis wird der ökologische Zustand als "natürlich", "naturnah", "bedingt naturnah", "naturfern" und "naturfremd" beurteilt.

4. Umsetzung der Ergebnisse einer stadtökologischen Untersuchung

Nach Abschluß der Erhebungen und Bewertungen liegen bei optimaler Datenbasis folgende Unterlagen als Karten (Maßstab möglichst 1:5 000 bis 1:10 000) und textliche Beschreibungen vor:

a) Eine Beschreibung der Stadt hinsichtlich ihrer naturräumlichen Einbindung, der topographischen Lage, der klimatologischen, pedologischen und hydrologischen Charakteristika sowie der Belastungen durch die umgebende Industrie.

b) Eine Erfassung der vorhandenen Flächennutzungen eingeteilt nach 14 Nutzungstypen mit einer Einstufung ihrer ökologischen Bedeutung auf der Grundlage einer 5teiligen Gruppierung der Katasterflächen nach Art der Flächennutzung.

c) Die Ergebnisse der Ermittlung des Versiegelungsgrades mit einer nutzungstypenbezogenen Bewertung, die sich im wesentlichen aus dem Grad der Vegetationsbedeckung der einzelnen Flächen ergibt.

d) Die flächendeckende Abgrenzung und Charakterisierung von Biotoptypenkomplexen als differenzierte Nutzungstypen mit einer Abgrenzung und Bewertung von Biotopen als "schutzwürdig" sowie der Beschreibung von ausgewählten Tiergruppen mit Bioindikationseigenschaften und des Zustandes der Stadtbäume.

e) Eine Beurteilung des Stadtklimas auf der Grundlage einer Ermittlung der Klimaparameter Temperatur, Wind, Luftfeuchte und Niederschläge, mit einer daraus abgeleiteten Abgrenzung von Flächen gleicher oder ähnlicher klimatischer Eigenschaften als Klimatope und einer Charakterisierung der Nutzungstypen hinsichtlich ihrer bioklimatischen Belastungen.

f) Die Ergebnisse der Erfassung von Luftbelastungen durch die Auswertung von Emissions- und Immissionskatastern, ergänzt durch die bewerteten Messungen der Luftverunreinigungen mit TEMES-Stationen und Meßwagen sowie einer ergänzenden Flechtenkartierung.

g) Eine Beurteilung der Lärmsituation mit Einstufung der Nutzungstypen in die Belastungsstufen I - III.

h) Eine Beurteilung der aus Bodentypen gebildeten Bodengesellschaften hinsichtlich des Grundwasseranschlusses, der geomorphologischen Gegebenheiten, der Standorteigenschaften, des pH-Wertes und der Schadstoffbelastungen (Bodenbelastungskataster) sowie der vorhandenen Altlastenflächen, so daß eine Einschätzung der Bodenbelastungen von Sport-, Spiel-, Grün- und Erholungsflächen, Klein- und Hausgärten, landwirtschaftlichen Nutzflächen usw. möglich wird.

j) Eine Beurteilung der Grundwassersituation mit Angaben über Qualität, Grundwasserhöhe und Fließrichtung mit einer Einstufung der für den Grundwasserschutz und die Grundwasserneubildung besonders wichtigen Nutzungstypen sowie einer Bewertung der Fließgewässer nach Gewässergüte und ökologischem Zustand.

Bereits aus der Fülle dieser Einzelaussagen kann die Stadtplanung einen Katalog von Maßnahmen, etwa zur Verbesserung der ökologischen Situation eines Wohngebietes durch die Schaffung von Frischluftschleusen, ablesen. Eine nachhaltige ökologische Verbesserung der gesamten Stadt ist jedoch ohne eine Einbindung von Einzelmaßnahmen in größere übergeordnete Zusammenhänge nicht durchführbar. Der Vielzahl ökologischer Mängel kann mit einer Vielzahl von Ersatz- und Ausgleichsmaßnahmen begegnet werden, nur ersetzt die bloße Summierung von isolierten Teilmaßnahmen nicht eine systematische und kontinuierliche ökologische Gesamtkonzeption einer Stadt. Ebenso lassen sich z.B. Stadtklima oder Wasserhaushalt in ihrer Funktionsweise nur aufrechterhalten oder verbessern, wenn die die Stadtgrenze überschreitenden dynamischen Prozesse unter Berücksichtigung des Wechselspiels zwischen Stadt und Umgebung mit einbezogen werden.

Dieses Zusammenwirken verschiedener ökologischer Faktoren läßt sich aus den Einzelbewertungen nur schwer ablesen. Aus diesem Grunde wird vorgeschlagen, die Ergebnisse der monofaktoriellen Bewertung der ökologischen Merkmale einer Stadt in einem stadtökologischen Beitrag zusammenzufassen[7]. Methodische Ansätze dafür bieten der im Landschaftsgesetz für den Landschaftsplan vorgeschriebene ökologische Fachbeitrag und der seit einigen Jahren mit Erfolg bei einer Reihe von Gebietsentwicklungsplänen vorgeschaltete ökologische Fachbeitrag[8].

Ziel eines stadtökologischen Beitrags sollte es sein, die ökologische Bedeutung, die vorhandenen Belastungen, vor allem aber die Eignung der einzelnen Nutzungstypen einer Stadt für ökologische Funktionen darzustellen und auch den Handlungsbedarf für eine gezielte Sanierung und Verbesserung der ökologischen Situation deutlich zu machen.

Die mit einem stadtökologischen Beitrag für die einzelnen Flächennutzungen zu verfolgenden Ziele lassen sich wie folgt beschreiben:

a) Die Belastung der einzelnen Nutzungstypen durch Lärm, Luftverunreinigungen und Schadstoffe in Böden und Grundwasser und ihren Verlust an ökologischer Qualität erkennen.

b) Die Bedeutung der Freiflächen für die Regeneration, den Schutz und die Anreicherung des Grundwassers sowie die Möglichkeiten zur Verbesserung des ökologischen Zustandes von Oberflächengewässern und zur Förderung der Bodenversickerung einschätzen.

c) Die Möglichkeiten zur Reduzierung von lufthygienischen Belastungen durch technische Maßnahmen, umweltschonende Energieträger und umweltfreundliche Verkehrskonzepte sowie durch Förderung klimatischer Ausgleichswirkungen und durch Verbesserung der bioklimatischen Wirkungen von Grün- und Freiflächen aufzeigen.

d) Die Notwendigkeit zum Abbau von Lärmbelastungen durch Lärmschutzmaßnahmen und planerische Konsequenzen belegbar machen.

e) Die Notwendigkeit der Bodensanierung (einschl. Altlasten) und der Verbesserung der Bodenfunktionen durch gegensteuernde Planungen und Maßnahmen deutlich werden lassen.

f) Die Bedeutung von Freiflächen für den Biotop- und Artenschutz, die Notwendigkeit ihrer Erhaltung und Vernetzung mit Hilfe eines Biotopverbundsystems sowie die Vermeidung von Verkleinerung, Zerschneidung und Isolierung von Grünflächen begründen.

g) Die Bedeutung von Frei- und Grünflächen für die verschiedenen Erholungsnutzungen und den Erlebniswert der Natur unter Einbeziehung ihrer Lage in der Stadt und ihrer Größe aufzeigen.

h) Die Notwendigkeit der umweltschonenden Abfallbeseitigung sowie der Überprüfung der Schmutz- und Regenwasserableitungen, der Fremdanschlüsse bei Trennsystemen und der Verbesserung der Kläranlagen erkennbar machen.

Um das mit einem stadtökologischen Beitrag angestrebte übergreifende Ziel der Verbesserung der "ökologischen Qualität" durch Erhöhung der "Naturnähe"[9] der Gesamtstadt und deren Umland zu erreichen, müßten folgende Karten und textliche Ausarbeitungen als Ergebnisse der Erhebung und Bewertung der einzelnen Faktoren erstellt werden:

1. Eine flächendeckende Belastungskarte insbesondere über die vorhandenen Luft-, Boden-, Gewässer- und Lärmbelastungen.

2. Eine Karte mit einer möglichst umfassenden Darstellung und Bewertung der ökologischen Bedeutung der Frei- und Grünflächen und der größeren zusammenhängenden erhaltenswerten Vegetationsbestände, insbesondere der Straßenbäume.

3. Eine Karte der Biotoptypenkomplexe mit Darstellung und Bewertung der schutzwürdigen Biotope.

4. Eine Konfliktkarte mit Darstellung der die ökologische Funktion beeinträchtigenden Faktoren und der Risiken für alle Nutzungstypen mit ökologischer Bedeutung.

5. Eine Defizitkarte, die angibt, wo Defizite in der Versorgung mit Grünflächen, Erholungsflächen, Flächen zum Ausgleich bestehender Belastungen, Vernetzungsstrukturen oder bei der Grundwassererneuerung noch zu beheben sind (Wohnumfeldverbesserung, Verkehrsberuhigung, Rückbau asphaltierter und betonierter Flächen usw.).

6. Eine Synthesekarte, die bei Inkaufnahme einer generalisierenden Zusammenfassung eine grobe Übersicht über den ökologischen Zustand und den Grad der Naturnähe der einzelnen Stadtteile vermittelt.

7. Ein Entsorgungskonzept zur Sanierung von Flächen mit Altlasten, von Abwässerkanälen, Kläranlagen und der Verwertung von Abfällen.

Da das Mosaik der städtischen Flächennutzungen in der Regel sehr kleinräumig, teilweise sogar für Planungskonzepte zu kleinräumig ist, sollte für die anschließende praktische Umsetzung des stadtökologischen Beitrages eine Gliederung der Stadt in größere, ähnlich strukturierte ökologische Entwicklungsräume erfolgen. Aus der Analyse und Synthese der vorstehend aufgeführten Karten zum stadtökologischen Beitrag können diese Räume abgeleitet werden.

Wie die Erfahrungen aus Stuttgart und vor allem aus Berlin zeigen, werden solche Entwicklungsräume in vielen Städten immer ähnlich strukturiert sein, wie z.B. der Kernbereich einer Stadt, ihre Randzone, größere Komplexe gewerblicher oder industrieller Nutzung, die Stadt durchziehende Flußauen mit ihren begleitenden Nutzungstypen, sektoral in die Stadt hineinführende Grünzüge etc... Für diese Entwicklungsräume sollten aus dem vorgenannten Zielkatalog ökologische Leitziele bestimmt und Prioritäten gesetzt werden. Die Formulierung dieser Leitziele ist der erste Schritt für die Erarbeitung konkreter planerischer Maßnahmen zum Erhalt, zur Verbesserung oder Schaffung von guten ökologischen Bedingungen und naturnahen Stadtstrukturen (s. Anlage 3). Wegen des Aufgabenumfanges ist eine schrittweise Realisierung der nach Dringlichkeiten geordneten Maßnahmen zur Verbesserung der ökologischen Situation zu empfehlen.

Ein weiterer Abschnitt des stadtökologischen Beitrages sollte Handlungsempfehlungen und Festlegungen enthalten, die sich dem Leitziel des Entwicklungsraumes unterzuordnen haben. Sie brauchen nicht unbedingt flächendeckend für das Stadtgebiet erarbeitet werden, sollten jedoch kartographisch und textlich eindeutig festgelegt und beschrieben werden. Dazu gehören:

A) Räumlich abgegrenzte Empfehlungen für Stadtplanung, Stadtentwicklung und Grünordnung mit z.B. folgenden Aussagen:

- Von einer Bebauung freizuhaltende Flächen[10],
- Sicherung und Schaffung von Räumen zum Klimaausgleich und zum Abbau bestehender thermischer und anderer stadtklimatischer und lufthygienischer Belastungen,
- Notwendigkeit zum Erhalt und zur Schaffung von möglichst großen zusammenhängenden Frei- und Grünflächen und deren Verflechtung zu Grünsystemen gegebenenfalls durch Rück- und Umbau derzeitiger Nutzungen,
- Notwendigkeit zur Sicherung, Erweiterung bzw. Neuanlage schutzwürdiger Biotope und ihrer Einbindung in ein Grünsystem zum Aufbau eines Biotopverbundnetzes,
- Notwendigkeit der Verbesserung der lufthygienischen Situation durch verbesserte Rauchgasreinigung, Fernwärmeversorgung, Verkehrsberuhigung oder Reduzierung des Verkehrsaufkommens.

B) Räumliche Festlegung von:

a) Renaturierungsgebieten zur Wiederherstellung einer naturnahen Gestaltung von Fließgewässern und Stillgewässern und der Verbesserung der Gewässergüte durch zusätzliche Reinigungsmaßnahmen,

b) Gebieten, die für den Grundwasserschutz und für die Grundwasserneubildung von hoher Bedeutung sind und deren Versickerungsfähigkeit zu verbessern ist,

c) Gebieten mit sanierungsbedürftigen Altlasten und Nutzungseinschränkungen durch Bodenbelastungen,

d) Gebieten mit der Notwendigkeit einer Klimasanierung durch grünplanerische Mittel (Erhöhung der Verdunstungsrate),

e) Gebieten, in denen kein Streusalz/Auftausalz eingesetzt werden sollte,

f) Gebieten, in denen durch Bepflanzung von Dächern, Begrünung von Fassaden und Innenhöfen eine ökologisch funktionale Einbindung in einen Biotopverbund erreicht werden kann.

Für einen solchen stadtökologischen Beitrag hat unseres Wissens bisher nur die Stadt Berlin eine ausreichende Datengrundlage.

Voraussetzung für das Gelingen eines solchen hochgesteckten Ziels ist die Schaffung der fachlichen, personellen, finanziellen und organisatorischen

Voraussetzungen und der Einsatz entsprechender Meßstationen, Meßgeräte und Meßwagen. Weiterhin ist es im Interesse der Vergleichbarkeit notwendig, daß die Daten nach einheitlichen Kriterien erhoben und aufbereitet werden. Da sich das umfangreiche Datenmaterial nur über die ADV organisieren und verarbeiten läßt, müssen sich die Kommunen Informationssysteme anschaffen, mit deren Hilfe Bewertungsergebnisse in Karten und Listen dargestellt werden können.

Die Realisierung umfassender ökologischer Erhebungen und Untersuchungen in Städten und Gemeinden dürfte weder an technischen Problemen noch am Fehlen der erforderlichen finanziellen oder personellen Ressourcen scheitern, wenn es gelingt

- Kommunalpolitikern und Verwaltungen die Bedeutung der Stadtökologie bewußt zu machen,
- für die Bewältigung der heterogenen und umfangreichen Erhebungen, Bewertungen sowie für die Umsetzung interdisziplinär besetzte Arbeitsgruppen unter Beteiligung freischaffender Planungs- und Ingenieurbüros einzusetzen,
- den stadtökologischen Ansprüchen und Erfordernissen die Anerkennung als gleichrangiger öffentlicher Belang in der Stadtplanung und Stadtentwicklung zu verschaffen.

In dem am 1.7.1987 in Kraft getretenen Baugesetzbuch (BauGB) sind die Umweltbelange durch Erweiterung der Grundsätze der Bauleitplanung vor allem in Ziff. 7. von § 1 BauGB verstärkt worden. Es wäre deswegen konsequent, den stadtökologischen Beitrag als Teil der Stadtentwicklungsplanung der Aufstellung bzw. Änderung von Flächennutzungs- und Bebauungsplänen sowie der Erarbeitung von Grünordnungsplänen vorzuschreiben. Darüber hinaus wäre ein systematisch erarbeiteter und formalisierter stadtökologischer Beitrag eine wichtige Grundlage für Entscheidungen über Ausgleichs- und Ersatzmaßnahmen innerhalb der Stadt und am Stadtrand. Noch höher ist die Bedeutung des stadtökologischen Beitrages für die städtebauliche Entwicklung und Sanierung einzuschätzen, sobald der Bundesgesetzgeber die standardisierte Umweltverträglichkeitsprüfung (UVP) für die Bauleitplanung eingeführt hat.

Schließlich wird im Interesse einer Verknüpfung von Bauleitplanung und Regionalplanung vorgeschlagen, bereits auf der Ebene der Regionalplanung aus einem stadtökologischen Beitrag abgeleitete ökologisch orientierte Ziele für die Stadtentwicklung, die über die Stadtgrenzen hinauswirken, darzustellen.

Anlage 1: Nutzungstyen bzw. Biotoptypenkomplexe (aus: Reidl/Rijpert 1987)

1. Gemischte Bauflächen/Kernflächen
   1.1 Innenstadt
   1.2 Altstadt (histor. Stadtkern)

2. Gemischte Bauflächen/Wohnbauflächen
   2.1 Blockbebauung
   2.2 Blockrand- oder Zeilenbebauung
   2.3 Großformbebauung und Hochhäuser
   2.4 Einzel- und Reihenhausbebauung
   2.5 Villen mit parkartigen Gärten
   2.6 Öffentliche Gebäude mit Freiflächen

3. Gemischte Bauflächen/Dorfgebiete
   3.1 Kerngebiete der Dörfer
   3.2 Dörfliche Siedlungs-, Hof- und Gebäudeflächen
   3.3 Übergangsformen von dörflicher zu städtischer Bebauung
   3.4 Verstädterte Dorfgebiete

4. Industrielle und gewerbliche Bauflächen/ Flächen für Ver- und Entsorgungsanlagen
   4.1 Industrieflächen; stark versiegelte technische Ver- u. Entsorgungsanlagen
   4.2 Gewerbegebiete
   4.3 Gering versiegelte technische Ver- u. Entsorgungsanlagen
   4.4 Rieselfelder

5. Grünflächen
   5.1 Öffent. Grün- u. Parkanlagen sowie gering versiegelte Sport- u. Erholungsanlagen
   5.2 stark versiegelte Sport- u. Erholungsanlagen
   5.3 Friedhöfe
   5.4 Campingplätze
   5.5 Botanische u. zoologische Gärten

6. Gewässer (außer Kanälen u. Hafenanlagen)
   6.1 Flüsse u. Ströme (incl. gering ausgeprägter Uferzonen)
   6.2 Bachläufe, feuchte Gräben (incl. Uferzonen)
   6.3 Quellbereiche
   6.4 Seen u. Talsperren (incl. gering ausgeprägter Uferzonen)
   6.5 Teiche, Tümpel, Weiher etc. (incl. Uferzonen)

7. Verkehrsanlagen/Verkehrsflächen
   7.1 Bahnanlagen
   7.2 Straßenverkehrsflächen
   7.3 Flugplätze
   7.4 Kanäle, Hafenanlagen
   7.5 Sonstige Verkehrsanlagen

8. Landwirtschaftlich genutzte Flächen
   8.1 Ackerflächen
   8.2 Grünlandflächen
   8.3 Landwirtschaftliche Sondernutzungen
   8.4 Stark versiegelte landwirtschaftliche Nutzflächen
   8.5 Flächen des Erwerbsgartenbaues

9. Wälder, Gebüsche und Hecken
   9.1 Laubwald
   9.2 Mischwald
   9.3 Nadelwald
   9.4 Schonungen
   9.5 Aufgeforstete Halden
   9.6 Landschaftprägende Kleinstrukturen

10. Abgrabungs- u. Aufschüttungsflächen
    10.1 Trockene Abgrabungsflächen
    10.2 Nasse Abgrabungsflächen
    10.3 Aufschüttungsflächen

11. Brachflächen
    11.1 Brachflächen des Innenstadtbereichs
    11.2 Brachflächen der gemischten Bauflächen/Wohnbauflächen
    11.3 Brachflächen der Dorfgebiete
    11.4 Brachflächen der Industiegebiete
    11.5 Brachflächen der Gewerbegebiete
    11.6 Brachflächen der Ver- u. Entsorgungsanlagen
    11.7 Brachflächen der öffentlichen Grün- u. Parkanlagen
    11.8 Brachflächen der Sport- u. Erholungsanlagen
    11.9 Brachflächen der Friedhöfe
    11.10 Brachflächen der Kleingartenanlagen
    11.12 Brachflächen der Verkehrsflächen
    11.12 Landwirtschaftliche Brachflächen
    11.13 Brachflächen der Abgrabungs- u. Aufschüttungsflächen

12. Lokale Besonderheiten und Naturrelikte
    12.1 Uferzonen bes. Bedeutung u. Ausdehnung
    12.2 Hochwasserdämme, Deiche
    12.3 Stadtmauern, Wälle u. Befestigungsanlagen
    12.4 Großbaustellen
    12.5 Militärische Anlagen
    12.6 Naturrelikte (Moore, Heiden, Dünen etc.)

Anlage 2: Gruppierung von Katasterflächen nach ökologischen Gesichtspunkten

Gruppe, der die Katasterfläche in der Regel zuzuordnen ist	Anteil an der Gesamtfläche in %	Liegenschaftskataster -tatsächliche Nutzung- Bezeichnung	Kennziffer	Flächenerhebung Bezeichnung	Kennziffer
1. Natürliche, naturnahe Freifläche (ökologisch besonders bedeutsam) zusammen 13,69 %	1,63	Moor	(650)	Moor	(650)
	1,08	Heide	(660)	Heide	(660)
	0,03	Brachland	(690)		
	0,73	Wald - übriges	(700)		
	3,64	Laubwald	(710)		
	5,21	Mischwald	(730)		
	0,04	Gehölz	(740)		
	0,94	Wasserfläche	(800,840-890)		
	0,39	Unland	(950)	Unland	(950)
2. Freifläche mittlerer ökologischer Bedeutung zusammen 40,34 %	0,53	BF-Abbauland	(310)		
	0,00	BF-Versorgung	(340)		
	26,45	Grünland	(620)		
	0,00	Landwirtsch.Betriebsfl.	(680)		
	11,13	Nadelwald	(720)	Waldfläche	(700-740)
	1,21	Fluß	(810)	Wasserfläche	(800-890)
	0,84	Übungsgelände	(910)		
	0,18	Schutzfläche	(920)	Fläche anderer Nutzung	(900-940)
3. Freifläche geringer ökologischer Bedeutung zusammen 35,02 %	0,03	BF-Halde	(320)		
	35,04	Ackerland	(610)	Landwirtschaftsfl.	(600-640,680,690)
	0,04	LF-Übriges	(600)		
	0,90	Gartenland	(630)		
	0,00	Weingarten	(640)		
4. Erholungsfläche im Siedlungsgebiet zusammen 0,59 %	0,00	GF-Erholung	(280)		
	0,51	Erholungsfläche	(400)		
	0,08	Friedhof	(940)	Erholungsfläche	(400-430)
5. Überbaute Fläche geringer ökologischer Bedeutung zusammen 10,35 %	5,67	Gebäude-u.Freifläche	(100-270,290)	Gebäude-u.Freifläche	(100-290)
	0,00	BF-Übriges	(300)		
	0,02	BF-Lagerplatz	(330)	Betriebsfläche	(300-370)
	0,00	BF-Entsorgung	(350)		
	0,01	BF-Unbenutzbar	(370)		
	4,65	Verkehrsfläche	(500)	Verkehrsfläche	(500-560)
	0,00	Kanal	(820)		
	0,00	Hafen	(830)		
	0,00	Historische Anlage	(930)		

(aus: ARL Arbeitsmaterial Nr. 94 "Zu Kartierung von Ergebnissen der Landwirtschaftszählung", Hannover 1986)

Anlage 3: Ablaufschema für einen stadtökologischen Beitrag

Landschaftsgesetz
Bundesbaugesetz
u.a. gesetzliche Vorgaben für Natur- und Umweltschutz
Umweltpolitische Ziele
Landesentwicklungsprogramm
Naturschutzprogramm Ruhrgebiet

STADTÖKOLOGISCHER BEITRAG

* Datenerfassung *
Kartierung der stadtökologischen Grundlagen

* Datenauswertung *
Koordination, Sichtung, Bewertung, Interpretation, Darstellung der stadtökologischen Grundlagen

* Raumgliederung *
Gliederung der Stadt in ähnlich strukturierte, ökologische Entwicklungsräume

* Stadtentwicklungsziele *
Formulierung von ökologischen Leitzielen für die Entwicklungsräume

* Vorbereitung für Umsetzung *
Formulierung von konkreten Massnahmen in den Entwicklungsräumen
Beratung / Betreuung bei Umsetzungen von Massnahmen

Stadtentwicklungsplanung

Grünordnungs- bzw. Bauleitplanug

Literatur

Adam, K. (1984): Das Ökosystem Stadt - Strukturen und Belastungen. In: (Adam/Grohé, Hrsg.): Ökologie und Stadtplanung, 29-78, Köln 1984.

Adam, K. (1985): Die Stadt als Ökosystem, Geogr. Rdsch. 37, H. 5, 214-225, 1985.

Ahrens, D. (1983): Klimagerechte Interpretation von Immissionsmessungen verschiedener Schadstoffe in Abhängigkeit von Naturraum und Siedlungsstruktur, Freiburger Geogr. Hefte, H. 21, 185 S., Freiburg 1983.

Ammer, U. et.al. (1977): Entscheidungshilfen für die Freiraumplanung - Naturwissenschaftlicher Teil - Hrsg. vom ILS NW, Materialien zur Landes- und Stadtentwicklung des Landes NRW, Bd. 4.007, Dortmund 1977.

Ant, H. (1978): Die ökologischen Bedingungen der Stadtfauna, Verdichtungsgebiete, Städte und ihr Umland, Hrsg.: Deutscher Rat für Landespflege, H. 30, 678-681, Bonn 1978.

Artenschutzprogramm Berlin (1984): Grundlagen für das Artenschutzprogramm Berlin, Arbeitsgruppe Artenschutzprogramm Berlin (Leitung H. Sukopp), 3 Bd., TU Berlin, Reihe: Landschaftsentwicklung und Umweltforschung Nr. 23, Berlin 1984.

Bauer, H.J (1984): Grundsätze der Stadtökologie, unveröffentlichtes Manuskript, Recklinghausen 1984.

Baumgartner, A. et. al. (1984): Stadtklima Bayern, Untersuchung des Einflusses von Bebauung und Bewuchs auf das Klima und die lufthygienischen Verhältnisse in bayrischen Großstädten, Kurzmitt. 8, München 1984.

Bick, H. et. al. (1981): Funkkolleg "Mensch und Umwelt", Hrsg.: Deutsches Institut für Fernstudien an der Universität Tübingen, Weinheim und Basel 1981.

Blüthgen, J., Weischet, W. (1980): Allgemeine Klimageographie, 887 S., Berlin-New York 1980.

Blume, H.P. et. al. (1978): Zur Ökologie der Großstadt unter besonderer Berücksichtigung von Berlin (West), Verdichtungsgebiete, Städte und ihr Umland (Hrsg.: Deutscher Rat für Landespflege), H. 30, 658-677, Bonn 1978.

Behörde für Bezirksangelegenheiten, Naturschutz und Umweltgestaltung (1984): Grünvolumenzahl und Bodenfunktionszahl in der Landschafts- und Bauleitplanung, Heft 9/1984.

Braun, R.R. u. Kaerkes, W.M. (1985): Bibliographie zur Stadtökologie und ökologischen Stadtplanung, Materialien zur Raumordnung, Bd. 31, Bochum 1985.

Buck, M., Ixfeld, H., Ellermann, K. (1982): Die Entwicklung der Immissionsbelastung in den letzten 15 Jahren in der Rhein-Ruhr-Region, LIS-Bericht Nr. 18, Essen 1983.

Buller, H.G., Weischet, W., Falk, K. (1978): Das thermische Verhalten von städtischen Baukörperstrukturen, unveröffentlichter Arbeitsbericht der Forschungsgemeinschaft Bauen und Wohnen, Stuttgart 1978.

DNR (1981): Naturschutz in der Stadt, Deutscher Naturschutzring (Hrsg.), bearbeitet von H. Sukopp, W. Lohmeyer, H. Elvers, Bonn 1981.

Erz, W. (1986): Stadtökologie - zwischen machbarer Praxis und mangelnder Politik, Kurzfassung eines Vortrags, VDBiol-Symposium 1986 in Bochum, 1-5.

Fezer, F., Karrasch, H. (1985): Stadtklima, Spektrum der Wissenschaft, August 1985.

Gepp, J. (1977): Technogene und strukturbedingte Dezimierungsfaktoren der Stadttierwelt, 99-127, Graz 1977.

Gertis, K. (1977): Bauphysikalische Aspekte des Stadtklimas, Stadtklima (Hrsg.: Forschungsgemeinschaft Bauen und Wohnen), Nr. 108, 87-96, 1977.

Grohé, T. (1984): Ökologie und Stadtplanung. In: (Adam/Grohé Hrsg.) Ökologie und Stadtplanung, 179-199, Köln 1984.

Jendritzky, G. et. al (1979): Ein objektives Bewertungsverfahren zur Beschreibung des thermischen Milieus in der Stadt- und Landschaftsplanung, Beiträge der Akademie für Raumforschung und Landesplanung, Bd. 28, Hannover 1979.

Kaerkes, W.M. (1985): Stadtökologie - Landschaftsökologie der Stadt?, Dokumente und Informationen zur Schweizerischen Orts-, Regional- und Landesplanung, ETH Zürich, Nr. 80/81, 36-41, 1985.

Kalthoff, H. (1983): Grundwasserbeschaffenheit in NRW - Konzept zur Überwachung - (Hrsg.: LWA), Jahresbericht 1982, Düsseldorf 1983.

König, W. (1985): Blei und Cadmium in Grünkohl und Weizen, Lölf-Mitteilungen 10, H. 2, 3-10, 1985.

LÖLF (1986a): Grundlagen zur Stadtökologie - Konzept zur Erhebung der naturwissenschaftlichen Grundlagen und Wege zu ihrer Umsetzung in Maßnahmen für eine ökologisch orientierte Planung im städtischen Raum (unveröffentlichtes Manuskript, Bearbeiter Falk).

LÖLF (1986b): Biotopschutz durch Stadtplanung? ÖKO-Information der Landesanstalt für Ökologie IX-7-86, Bearbeiter: K. Falk, K. Reidl, H. Schulzke, Recklinghausen 1986.

LÖLF und LWA (1985): Bewertung des ökologischen Zustandes von Fließgewässern, Recklinghausen und Düsseldorf 1985.

Mies, M. (1986): Klimaökologie der Siedlungsräume unter besonderer Berücksichtigung des Energieumsatzes, Veröffentlichung in der FLL-Schriftenreihe vorgesehen.

Minister für Landes- und Stadtentwicklung des Landes NRW (1985): Konzeption einer Stadtökologie, MLS informiert, Nr. 4, Düsseldorf 1985.

Minister für Umwelt, Raumordnung und Landwirtschaft + für Wirtschaft, Mittelstand und Technologie (1988): Analyseverfahren für Untersuchungen im Zusammenhang mit der Abfallentsorgung und mit Altlasten, MBl. NW Nr. 26 v. 3.5.1988.

Reidl, K. und Rijpert, J. (1987): Biokartierung NRW, Methodik und Arbeitsanleitung zur Kartierung im besiedelten Bereich, unveröffentlichtes Manuskript, LÖLF, Recklinghausen 1987.

Scharpf, H. (1986): Datenbedarf im Bereich des planerischen Umweltschutzes, Arbeitsmaterial Nr. 94 der Akademie für Raumforschung und Landesplanung.

Schmalz, J. (1984): Das Stadtklima, Fundamente alternativer Architektur, Bd. 15, 137 S., Karlsruhe 1984.

Schmidt, A. (1987): Ein ökologisches Wechselspiel zwischen Stadt und dem Umland, Lölf-Jahresbericht 1986, 12-17, Recklinghausen 1987.

Schulte, G. (1982): Tiere in Stadt und Dorf, Mitteilungen der Lölf, 7, H. 3, 4-11, 1982.

Senator für Bau- und Wohnungswesen, Berlin (1980): Naturschutz in der Großstadt, Naturschutz und Landschaftspflege in Berlin (West), H. 2, Berlin 1980.

Stock, P. (1982): Beispiel des Einsatzes von Thermaldaten im Ruhrgebiet, Thermalluftbilder für die Stadt- und Landesplanung (Hrsg.: Akademie für Raumforschung und Landesplanung), Bd. 62, 49-67, Hannover 1982.

Stock, P., Beckröge, W. (1985): Klimaanalyse Stadt Essen (Hrsg.: Kommunalverband Ruhrgebiet), Planungshefte Ruhrgebiet, Essen 1985.

Sukopp, H. (1979): Ökosystem Stadt, Landestagungen der Lölf, 5, 44-48, 1979.

Sukopp, H. (1983): Städtebauliche Ordnung aus der Sicht der Ökologie, VDI-Berichte 477, 163-172, Düsseldorf 1983.

Umweltatlas Berlin (1985): Umweltatlas Berlin, Senator für Stadtentwicklung und Umweltschutz (Hrsg.), Bd. 1, Berlin 1985.

Weischet, W. (1980): Stadtklimatologie und Stadtplanung, Klima und Planung 79, Schweizerische Naturforschende Gesellschaft 6, Bern 1980.

Anmerkungen

1) Für die Stadtökologie als praxisorientierten Teilbereich der Ökologie - definiert als Wissenschaft von den wechselseitigen Beziehungen zwischen Organismen und ihrer Umwelt - ist es zweckmäßig, den Umweltbegriff weitgefaßt im Sinne von "ökologische Umwelt" zu benutzen und darunter den Komplex aller direkt und indirekt auf Organismen wirkenden Umweltfaktoren (Flora, Fauna, Klima, Boden, Wasser und Relief mit ihren physikalischen, chemischen, biotopischen und trophischen Eigenschaften und Belastungen durch naturfremde Störgrößen) zu verstehen.

2) Bodenkarten i.M. 1:50 000 liegen für 5/7 der Landesfläche vor.

3) Dieses Verfahren wurde für den Umwelt-Atlas Berlin gewählt, dem bislang umfassendsten Planungskartenwerk im Umweltschutzbereich.

4) LWA = Landesamt für Wasser und Abfall des Landes Nordrhein-Westfalen.

5) Da nur die schutzwürdigen Biotope bewertet wurden, handelt es sich um eine "selektive Kartierung".

6) Gem. Rd.Erl. des Ministers für Umwelt, Raumordnung und Landwirtschaft und des Ministers für Wirtschaft, Mittelstand und Technologie des Landes NRW.

7) Anlage 3 stellt Rechtsgrundlagen, Vorgehensweise bei der inhaltlichen Ausgestaltung und Umsetzungsmöglichkeiten eines stadtökologischen Beitrags schematisch dar.

8) Ein solcher Fachbeitrag ist in Heft Nr. 103 der Arbeitsmaterialien der ARL (1985) vorgestellt worden.

9) Erhöhung der "Naturnähe" bedeutet Erhöhung der Lebensqualität.

10) Nach Mies "dürfte mit den aus stadtplanerischer Sicht erforderlichen 13 - 20 m² Grünfläche je Einwohner, ergänzt durch gruppierte, gereihte und einzeln stehende Stadtbäume, auch der erwünschte Effekt der thermischen Klimamelioration erreichbar sein".

ÖKOLOGISCH ORIENTIERTE RAUMPLANUNG

Ein Ansatz für die Regionalentwicklung in der Dritten Welt?

von
Klaus R. Kunzmann, Dortmund

Gliederung

1. Einführung

2. Ökologisch orientierte Raumplanung

3. Internationale Überlegungen zur umweltorientierten Entwicklungsplanung

4. Der gesellschaftliche Kontext ökologisch orientierter Raumplanung in der Bundesrepublik Deutschland

5. Die Realität von Raumentwicklung und Raumplanung in der Dritten Welt

6. Instrumente des Transfers

7. Elemente eines Handlungskonzeptes zur stärkeren Berücksichtigung ökologischer Belange in den regionalen Entwicklungsländern der Dritten Welt

Literatur

1. Einführung

Immer wenn neue theoretische und methodische Überlegungen zur Verbesserung der Raumplanung in der Bundesrepublik Deutschland so weit gediehen sind, daß ihnen eine breite Zustimmung gewiß ist, liegt es nahe zu prüfen, ob sich diese Überlegungen, einschließlich ihrer institutionellen und instrumentellen Schlußfolgerungen, auch für die Regionalentwicklung in der Dritten Welt nutzen lassen. Angesichts der alarmierenden Verschlechterung der Umweltbedingungen in der Dritten Welt, auf die zuletzt der sogenannte "Brundtland-Report" der "World Commission on Environment and Development" aufmerksam gemacht hat (World Commission, 1987), ist es dringender denn je, Ansätze zu finden, mit deren Hilfe das ökologische Gleichgewicht in der Dritten Welt erhalten werden kann.

Natürlich ist die Dritte Welt längst keine homogene Region mehr, in der alle Länder gleiche Probleme haben. Die wirtschaftliche Kluft zwischen Südkorea und Burkina Faso ist heute größer als die zwischen Spanien und Südkorea. Und so unterschiedlich die ökonomischen Bedingungen einzelner Länder der Dritten Welt sind, so unterschiedlich sind auch ihre ökologischen Gegebenheiten. Die Frage, ob ein Denkansatz, wie der der ökologisch orientierten Raumplanung, Modell für die Regionalentwicklung in der Dritten Welt sein kann, läßt sich in diesem Beitrag daher nur sehr pauschal beantworten, denn eigentlich müßte er anhand der Bedingungen eines konkreten Landes untersucht werden. Die Erfahrungen in der Bundesrepublik Deutschland zeigen aber auch - und dies ist nicht unwesentlich für Transferüberlegungen -, daß der Beitrag, den Raumplanung, wie immer sie definiert und institutionell abgesichert ist, zur Regionalentwicklung in der Dritten Welt leisten kann, nicht überschätzt werden darf.

In diesem Beitrag soll zunächst beschrieben werden, was ökologisch orientierte Raumplanung ist, ob es mehr ist als nur eine akademische Mode in Deutschland und was davon wirklich übertragbar ist: Ist es die Idee als solche, oder ist es ihr Stellenwert in der Gesellschaft? Sind es die Methoden oder die Instrumente, und wenn ja, welche? Oder sind es die institutionellen und politischen Schlußfolgerungen, die aus Ideen und Erfahrungen ökologisch orientierter Raumplanung gezogen werden müssen? Um die Übertragbarkeit der Konzeption einschätzen zu können, muß dann aber skizziert werden, unter welchen Bedingungen Regionalentwicklung in Ländern der Dritten Welt erfolgt. Nur wenn bekannt ist, wo im regionalen Entwicklungsprozeß Informationen (öko-)politisches Handeln behindern, lassen sich aus dieser Kenntnis Hinweise für gegebenenfalls notwendige Veränderungen und für die Entwicklung geeigneter Instrumente ableiten.

Die Forderung nach einer ökologisch orientierten Raumentwicklung ist nicht neu. Sie ist auch keine deutsche "Erfindung". Seit Jahren werden Ansätze umweltorientierter Entwicklungsplanung unter den Begriffen "Ecodevelopment", "Sustainable development" oder "Resource oriented development" diskutiert. Sie sollen in diesem Beitrag kurz beschrieben werden.

Die Identifikation von Ansatzpunkten zur inhaltlichen, methodischen und gegebenenfalls auch institutionellen Innovation setzt auch voraus, daß die Transferinstrumente, also die Wege, auf denen Ideen und Technologien von der Ersten in die Dritte Welt übertragen werden, bekannt sind. Die wesentlichen Transferinstrumente sollen daher hier kurz skizziert werden, um zu hoch gesteckte Erwartungen von vornherein zu dämpfen, aber auch um deutlich zu machen, daß die Chancen, die jeweils bestehenden Planungsbedingungen für ein Land der Dritten Welt zu verändern, nicht sehr groß sind.

Wie trotz der sehr nüchternen Einschätzung der Realität eine stärker an ökologischen Zielen ausgerichtete Entwicklungsplanung für unterentwickelte Regionen in der Dritten Welt initiert werden könnte, wird am Schluß dieses Beitrages behandelt.

2. Ökologisch orientierte Raumplanung

Immer wenn eine neue "Orientierung" in der Planung auftaucht, wird damit in der Regel ein Versäumnis bisheriger Planung artikuliert. Das Etikett "Ökologisch orientierte Raumplanung" macht folglich zuerst einmal nur darauf aufmerksam, daß ökologische Belange der Raumplanung in der Vergangenheit vernachlässigt worden sind. Daraus leitet sich dann die Forderung ab, Raumplanung in Zukunft (auch) an ökologischen Zielen zu orientieren. Es werden also zusätzliche, neue Ziele der Raumplanung definiert, oder bisher schon verfolgte Ziele erhalten ein größeres Gewicht (Fürst, 1986).

Die ökologische Orientierung der Raumplanung ist heute unverzichtbar. Warum aber werden ökologische Belange erst jetzt so deutlich artikuliert? Das Wissen um die Folgen mangelnder Wahrnehmung oder gar der Nichtberücksichtigung ökologischer Belange in der Raumplanung hat in den letzten Jahren erheblich zugenommen, und dieses Wissen bzw. die ihm zugrundeliegenden Informationen wurden von immer mehr am Planungsprozeß Beteiligten in die Diskussion über Inhalte und Ziele die Planung eingebracht. Erst als lokale Aktionsgruppen, "Die Grünen", die Presse und die Naturschutzverbände auf die zunehmende Zerstörung der Umwelt aufmerksam machten, änderte sich auch das allgemeine Bewußtsein. Das relative Gewicht ökologischer Belange in der Planung wird also heute anders gesehen als noch vor einem Jahrzehnt, daher spiegelt die gewünschte ökologische Orientierung der Raumplanung den Stellenwert wider, den die Umwelt in der Gesellschaft der Bundesrepublik Mitte der 80er Jahre hat.

Fehlende wissenschaftliche Informationen und Methoden sowie ein geringes Umweltbewußtsein waren in der Vergangenheit die wesentlichen Gründe für die geringe bzw. unzureichende Berücksichtigung ökologischer Belange in der Raumplanung. Dies hat sich in den letzten Jahren geändert. Raumplanung ist Mitte der 80er Jahre sehr viel stärker ökologisch orientiert als in den Jahrzehnten zuvor. Trotzdem haben Umweltbelange noch nicht, und vor allem nicht überall, den Stellenwert in der Planung, der ihnen angesichts der absehbaren Siedlungsentwicklung eigentlich zukommt. Hinzu kommt, daß Raumplanung und die Realität der Raumentwicklung gelegentlich noch auseinanderklaffen, weil Planer nicht selten wohl gesetzte Ziele im Verlauf des Planungsprozesses unter dem Druck wirtschaftlicher und politischer Interessen zurücknehmen müssen, damit politische Entscheidungen getroffen werden können. Diejenigen, die diese politischen Entscheidungen treffen oder politisch beeinflussen, haben inzwischen sehr gut gelernt, ökologische oder zunmindest umweltpolitische Argumente dann zu nutzen, wenn sie für die Durchsetzung ihrer Interessen hilfreich sind. So bleibt also vorerst noch manches ökologische Anliegen auf der Strecke. Die Zukunft wird entscheidend davon abhängen, welchen Stellenwert die Gesellschaft Umweltbelangen in der Raumplanung gibt, damit das Instrumentarium, das für mehr ökologisch orientierte Raumplanung schon heute zur Verfügung steht, auch angewandt werden kann.

3. Internationale Überlegungen zur umweltorientierten Entwicklungsplanung

Die breite wissenschaftliche und politische Diskussion um die Erhaltung der Umwelt in der Dritten Welt hat, ausgehend von den USA und Kanada, etwa Ende der 60er Jahre eingesetzt. Erste wissenschaftliche Veröffentlichungen, die auf die Folgen der drohenden Umweltzerstörung in unterentwickelten Ländern hingewiesen haben, erschienen zu diesem Zeitpunkt (Rodwin, 1968).

Ausgangspunkt der politischen Diskussion war dann die große internationale Umweltkonferenz in Stockholm im Jahre 1972. Die Umwelt-Deklaration dieser Konferenz war Anlaß und Ausgangspunkt für viele Aktivitäten, die weitere Zerstörung der Umwelt in der Dritten Welt aufzuhalten (Stockholm, 1972). Die Einrichtung einer eigenen UN-Umweltbehörde in Nairobi, UNEP (United Nations Environment Programme), im gleichen Jahr diente dem Ziel, die umweltrelevanten Aktivitäten der UN-Unter- und Sonderorganisationen (z.B. UNDP, WHO, FAO, UNESCO, UNCS) zu koordinieren. Seit 1972 gibt UNEP jährlich Berichte über einzelne Umweltprobleme heraus, ab 1982 dann einen umfassenden jährlichen Bericht über seine Aktivitäten. Parallel dazu erscheint jährlich ein "State-of-the-Environment-Report" (UNEP, 1987). Auch die Weltbank hat schon 1975 einen Sonder-Bericht dem Thema Umwelt und Entwicklung gewidmet (Weltbank, 1975).

Im weiteren Verlauf der Diskussionen zu diesem Thema haben Schriften wie die von Barbara Ward und René Dubos "Only One Earth" (1972), von Gorz "Ökologie und Politik" (1977) oder die Berichte des "Club of Rome" (1972), der Stiftung Bariloche (Herrera et al., 1977) und zuletzt die der "World Commission on Environment and Development" (Brundtland Kommission) (1987) weltweite Aufmerksamkeit auf die Begrenztheit der natürlichen Ressourcen und auf Probleme und Ursachen der Umweltzerstörung in der Dritten Welt gelenkt.

Thematische und praktische Überlegungen zur ökologischen Orientierung der regionalen Entwicklungsplanung werden seit etwa Mitte der 70er Jahre unter den Bezeichnungen "Ecodeveloppement" bzw. "Ecodevelopment" geführt; ein Begriff, der auf Maurice Strong (1972) zurückgeht. In einem 1980 erschienenen Buch "Ecodeveloppment" entwickelt Ignacio Sachs auf der Grundlage früherer Veröffentlichungen einen Ansatz zur ökologisch besseren Berücksichtigung ökologischer Aspekte in der Entwicklungsplanung vorwiegend ländlicher Regionen (Sachs, 1980).

Der griffige englische Begriff "Ecodevelopment" taucht seitdem als Titel immer wieder auf (Miles, 1979; Ridell, 1981; und Glaeser, 1979), wobei jeweils unterschiedliche Sichtweisen dargestellt werden, wie Umweltgesichtspunkte in die Entwicklungspolitik verstärkt einfließen sollten.

In eine ähnliche Richtung laufen die parallel dazu unter der Bezeichnung "Sustainable Development" geführten Diskussionen (z.B. Redclift, 1987).

4. Der gesellschaftliche Kontext ökologisch orientierter Raumplanung in der Bundesrepublik Deutschland

Die zunehmende ökologische Orientierung der Raumplanung in der Bundesrepublik Deutschland beruht auf einer Reihe von Gegebenheiten, die sich gegenseitig bedingen und synergetisch verstärken. Diese Gegebenheiten beschreiben den gesellschaftlichen Kontext, der gegeben sein muß, damit sich eine ökologisch orientierte Raumplanung entfalten bzw. behaupten kann. Nur wenn gleiche oder zumindest ähnliche Rahmenbedingungen auch in Ländern der Dritten Welt gegeben sind, besteht die Spur einer Chance, daß das Modell einer ökologisch orientierten Raumplanung auch dorthin transferiert werden kann. Welche Gegebenheiten sind dies?

(1) Das Umweltbewußtsein der Bevölkerung in Deutschland hat in den letzten beiden Jahrzehnten sehr zugenommen. Viele Bevölkerungsgruppen beteiligen sich sehr aktiv an Maßnahmen zum Schutz von Natur und Umwelt, sie beteiligen sich an Recyclingaktionen, sie demonstrieren für den Erhalt bzw. gegen die Zerstörung von Natur und Umwelt, sie organisieren sich dazu in politisch aktiven Gruppierungen. Sie opfern dafür Zeit und Geld, und sie können dies auch tun, weil ihre ökonomische Situation es ihnen erlaubt.

Der Zwang, die stark gefährdete Umwelt zu erhalten oder dort wiederherzustellen, wo sie durch menschliche Eingriffe ganz oder teilweise zerstört wurde und wird, um die persönliche Lebensqualität zu sichern, hat nicht unwesentlich dazu beigetragen, daß dieses hohe Umweltbewußtsein besteht (Brunowsky/Wicke, 1984). Parallel dazu haben sich auch bei Politikern und Planern die Einstellungen zur Bedeutung von Umweltbelangen in der Stadt- und Regionalentwicklung gewandelt, und selbst die Wirtschaft hat das Umweltbewußtsein der Bevölkerung schon längst als lohnendes Nachfragepotential für umweltfreundliche Produkte und Dienstleistungen entdeckt.

(2) Das Wissen in der Gesellschaft über die Umwelt und über die negativen Wirkungen und verheerenden Folgen menschlicher Eingriffe in das ökologische Gleichgewicht ist in den letzten Jahren sehr gewachsen. Ein hoher Stand der Forschung, der ständig steigende Bildungsgrad der Bevölkerung und die zentrale und große Rolle der Medien sind vermutlich die Faktoren, die dafür sorgen, daß dieses Wissen erarbeitet, genutzt und verbreitet wird. Dies ist möglich, weil im großen und ganzen umweltbezogene Informationen vorhanden, jederzeit verfügbar und für jedermann zugänglich sind. Die öffentlichen und privaten Ausgaben für Umweltforschung sind jedenfalls gegenüber früheren Jahrzehnten nicht unerheblich gestiegen.

(3) Das Wissen um die Bedeutung von Umweltbelangen für die weitere gesellschaftliche Entwicklung und das hohe Umweltbewußtsein allein würden wenig ausrichten können, wenn nicht die Wohlstandsgesellschaft der Bundesrepublik Deutschland bereit und in der Lage wäre, die hohen finanziellen Kosten für den Schutz, die Erhaltung und die Regenerierung der Umwelt zu tragen. Schon 1983 hat die Bundesrepublik Deutschland 26 Milliarden DM für umweltbezogene Maßnahmen ausgegeben (Commission 1987). Eine Zahlungsbereitschaftsanalyse aus dem Jahre 1983 hat ergeben, daß die Bundesbürger sogar bereit wären, jährlich 255,- DM mehr Steuern zu zahlen, wenn dies dem Umweltschutz zugute käme (WZB, 1983).

(4) Eine Fülle von staatlichen und privaten Institutionen und Verbänden auf lokaler, regionaler und nationaler Ebene ist heute in der Lage und befugt, sich der vielfältigen Umweltbelange anzunehmen, Umweltdaten zu sammeln, aufzubereiten und zu analysieren, Umweltdelikte zu kontrollieren, Umweltplanung zu betreiben oder Umweltbelange in politischen Entscheidungsprozessen zu vertreten. Dies ist eine unabdingbare Voraussetzung dafür, daß umweltbezogene Projekte, Pläne und Programme sachgerecht geplant, realisiert und kritisch bewertet werden können.

Ihre relative politische und finanzielle Unabhängigkeit erlaubt es diesen lokalen und regionalen Institutionen, lokale bzw. regionale Umweltprobleme selbst zu bewältigen.

(5) Dazu wären sie allerdings nicht imstande, wenn nicht inzwischen ein relativ wirkungsvolles Instrumentarium zur Berücksichtigung von Umweltbelangen bei der planvollen Raumentwicklung und zur Ahndung von Umweltdelikten zur Verfügung stünde. Es gibt ein umfangreiches rechtliches und planerisches Instrumentarium, das Ziele, Inhalte und Maßnahmen der Umweltpolitik und Umweltplanung definiert, festlegt oder regelt. Sehr differenzierte finanzielle Instrumente erleichtern oder ermöglichen es den Kommunen, die notwendigen Maßnahmen zum Erhalt der Umwelt zu ergreifen. Geeignete Informations- und Kommunikationsin-

strumente stehen zur Verfügung, um Informationsdefizite zu beseitigen und Umweltkonflikte zu lösen.

(6) In der Bundesrepublik Deutschland besteht inzwischen auch kein Mangel an geeigneten wissenschaftlichen und praxisorientierten Aus- und Fortbildungsinstitutionen, die Fachleute und politische Entscheidungsträger, Multiplikatoren und interessierte Laien für Umweltbelange sensibilisieren, theoretisch, methodisch, inhaltlich und politisch so aus- bzw. fortbilden, daß sie dort, wo sie Einfluß auf die Entwicklung von Produkten und Verfahren oder von großen Plänen und Programmen haben oder nehmen können, Umweltbelange berücksichtigen können.

(7) Letztlich sind die Machtstrukturen im politischen System der BRD der demokratischen Kontrolle durch die Gesellschaft unterworfen. Politischer und ökonomischer Machtmißbrauch hält sich in Grenzen, da andernfalls politische und wirtschaftliche Konsequenzen oder Sanktionen drohen.

Ohne Zweifel sind aus der Perspektive von umweltbewußten Bundesbürgern, Politikern und Planern diese Gegebenheiten für eine wirkungsvolle, ökologisch orientierte Raumplanung in der Bundesrepublik Deutschland noch lange nicht zufriedenstellend. Es gibt beträchtliche Lücken im gesetzlichen Instrumentarium, finanzielle Engpässe zur Beseitigung von Umweltschäden und viele politische und wirtschaftliche Hemmnisse einer aktiven Politik zur Umwelterhaltung: Im Hinblick auf die Gegebenheiten der Länder in der Dritten Welt, aber auch schon gegenüber vielen anderen Industriestaaten in Europa, ist das, was bislang erreicht wurde, durchaus beachtlich.

5. Die Realität von Raumentwicklung und Raumplanung in der Dritten Welt

Die wesentlichen Raumentwicklungsprobleme in Ländern der Dritten Welt sind häufig beschrieben worden (Rondinelli 1983, Friedmann/Wulf 1975, Rodwin, 1978, Kunzmann/Jenssen 1982), so daß es genügen muß, sie hier stichwortartig zu skizzieren:

(1) Hohe Wachstumsraten der Bevölkerung (bis zu 4 % jährlich) und die begrenzte Tragfähigkeit ländlicher Räume führen zu unkontrollierten und meist auch unkontrollierbaren Verstädterungsprozessen (mit jährlichen Verstädterungsraten zwischen 6 und 12 %, UN, 1987), die die Metropolen zum Explodieren bringen (Schweizer, 1987; Hennings, Jenssen, Kunzmann, 1980).

(2) Das Fehlen einer ausgewogenen Siedlungsstruktur mit leistungsfähigen und attraktiven Klein- und Mittelstädten, die Entlastungs-, Entwicklungs- oder Entsorgungsfunktionen in ihren jeweiligen Regionen übernehmen können, ist eine

wesentliche Ursache für regionale Unterentwicklung (Drewski, Kunzmann, Platz 1988).

(3) Städtische Armut und Slums, unbewältigte Abwasser- und Müllprobleme sowie erhebliche Verkehrs- und Umweltprobleme sorgen ständig für politische Unruhe in den Metropolen. Staatliche Maßnahmen, die unzufriedenen städtischen Massen zu besänftigen (z.B. niedrige Getreide- und Brotpreise), gehen angesichts geringer finanzieller Spielräume immer zu Lasten ländlicher Regionen.

(4) Außerhalb der Metropolen gibt es aus vielerlei Gründen (Kapitalmangel, Mangel an qualifizierten Führungskräften und Facharbeitern, Infrastrukturdefizite, ungenügende Fühlungsvorteile etc.) kaum Industrie, die Arbeitsplätze für die aus der Landwirtschaft frei werdenden Arbeitskräfte anbieten kann.

(5) Die Dichte und die Qualität technischer Infrastrukturnetze und Einrichtungen nehmen mit zunehmender Entfernung der Orte und Regionen von der Hauptstadtregion stark ab. Versorgungsdefizite (vor allem Wasser, Energie) und mangelhafter Unterhalt bestehender Netze kennzeichnen die Situation in fast allen Entwicklungsländern. Dies gilt in gleicher Weise für Dichte und Qualität sozialer Einrichtungen im Bildungs- und Gesundheitswesen, die oft nur einen Bruchteil des tatsächlichen Bedarfs decken.

(6) Subsistenzlandwirtschaft auf der einen und auf Export ausgerichtete landwirtschaftliche Monokulturen auf der anderen Seite (Baumwolle, Erdnüsse etc.) charakterisieren die landwirtschaftliche Produktionsstruktur. Dies, staatlich auf zu niedrigem Niveau festgelegte Preise für landwirtschaftliche Produkte und das Fehlen nahegelegener kaufkräftiger Märkte erklären die Stagnation landwirtschaftlicher und damit ländlicher Entwicklung.

(7) Raubbau an der Natur aus Unwissenheit und Not (Feuerholz) oder aus Profitinteresse (Holzeinschlag), ungeeignete Technologien, zu geringes Wissen um umweltverträgliche Entwicklungsprojekte und der Mangel an finanziellen Mitteln führen zu einer zunehmenden Verschlechterung der Umwelt (UNEP, 1987).

Was Raumplanung in Ländern der Dritten Welt ist, wie und wo sie dort und in welcher Weise sie betrieben wird, ist nicht einfacher zu beantworten als in der Bundesrepublik Deutschland. Auch dort werden raumbezogene Pläne und Programme zur Steuerung und Kontrolle von Raumentwicklungsprozessen von vielen Institutionen und Organisationen auf nationaler und gelegentlich auch auf regionaler und lokaler Ebene formuliert. Die auf nationaler Ebene mit meist sehr großem administrativen Aufwand betriebene gesamtstaatliche Entwicklungsplanung ist allerdings oft nur bedingt raumbezogen. In der Regel sind die Vier- und Fünfjahrespläne geduldige Listen von gesellschaftlichen Zielen und großen Investitionsprojekten, gekoppelt an mehr oder weniger realistische Finanz- und Haushaltspläne.

Umweltziele haben in den letzten Jahren zunehmend Eingang in diese Pläne gefunden. Zumindest auf dem Papier ist dies oft schon beeindruckend, jedenfalls immer gut, um es für weitergehende Argumentationen zu nutzen. Die eindeutige Präferenz für makro-ökonomische Zielsetzungen und die Tatsache, daß die Aufstellung dieser Pläne in der Regel in den Händen von Ökonomen und Finanzwissenschaftlern liegt, räumen ernstgemeinten ökologisch orientierten Politiken und Projekten letztlich doch nur wenig Raum ein. Die Auflösung des traditionellen Konfliktes "Ökologie versus Ökonomie", die eine bewußte und gezielte Kontrolle gedankenloser oder ökonomisch begründeter Eingriffe in das Ökosystem erfordern würde, ist angesichts der allgemeinen politischen und institutionellen Gegebenheiten meist nicht möglich. Von internationalen Institutionen finanzierte Projekte zum Schutz von natürlichen Ressourcen haben oft nur die Funktion des Feigenblattes zur Beruhigung der wenigen nationalen und der internationalen Umweltschützer.

Die für die räumliche Entwicklung von Städten und Regionen zuständigen nationalen Ministerien sind, nicht anders als in der Bundesrepublik Deutschland, politisch sehr schwach, finanziell daher schlecht ausgestattet und personell nicht immer ausreichend qualifiziert. Mehr auf das Bauen und das Erstellen von physischen Plänen ("Master plans") ausgerichtet, sind sie nicht autorisiert, nicht darauf vorbereitet und auch nicht dafür ausgestattet, Umweltbelange aktiv zu vertreten.

Die Ministerien für Landwirtschaft und Forsten sind dazu meist schon viel besser in der Lage, müssen sich dabei jedoch auf ländliche Räume beschränken, ohne echten Einfluß auf umweltzerstörende Großprojekte und Politiken zu haben.

Die Forderung nach umweltbewußtem Planen und Handeln in anderen Sektorministerien scheitert sehr oft am mangelnden Umweltbewußtsein, an ungenügender umweltbezogener Qualifikation des Personals und an fehlenden Budgetlinien. Daher werden auch gut gemeinte Richtlinien zur schrittweisen Einführung ökologischer Kriterien in die regionale Entwicklungsplanung nur schwer durchzusetzen sein.

Eine eigenständige, selbstbestimmte und selbst verantwortete kommunale und regionale Planung ist bislang nur in sehr wenigen Ländern der Dritten Welt möglich. Lokale wie regionale Verwaltungen haben in der Regel nur hoheitliche Aufgaben oder sind gehalten, Projekte nationaler Ministerien zu implementieren. Da meist schon kein Geld vorhanden ist, um laufende Aufgaben zu erfüllen, entfallen Maßnahmen und Projekte mit innovativem Charakter, es sei denn, staatliche und private internationale Organisationen übernehmen sie und fördern sie über längere Zeiträume hinweg, unbeeinflußt von gelegentlichen Rückschlägen und Mißerfolgen.

Politiken zur politischen und administrativen Dezentralisierung, wie sie seit einigen Jahren in zahlreichen Ländern der Dritten Welt (z.B. in Nepal, Kenia, AR Jemen oder in Ghana) verfolgt werden, eröffnen Chancen einer mehr an endogenen Ressourcen und Potentialen ausgerichteten Stadt- bzw. Regionalentwicklung. Damit erhöhen sich tendenziell wohl auch die Chancen für eine stärkere Berücksichtigung ökologischer Belange in der Planung, weil dann traditionelles Wissen um die natürlichen Gegebenheiten einen höheren Stellenwert in lokalen und regionalen Entscheidungsprozessen erhält.

Schon ein sehr oberflächlicher Vergleich der Rahmenbedingungen der Raumplanung in Ländern der Dritten Welt mit denen in der Bundesrepublik Deutschland läßt wenig Hoffnung für eine stärker an ökologischen Belangen orientierte Raumplanung, denn die in Abschnitt 3 skizzierten Gegebenheiten, die eine ökologische Orientierung in der Bundesrepublik Deutschland ermöglichen, sind in der Dritten Welt noch kaum gegeben:

(1) Das Umweltbewußtsein der Eliten, der Entscheidungsträger in Wirtschaft und Politik ist noch sehr gering. Ob in der Ersten oder in der Zweiten Welt ausgebildet, haben sie wenig Verständnis für Maßnahmen, die tatsächlich oder zumindest in ihren Augen die wirtschaftliche Entwicklung bremsen bzw. räumlich steuern. Politiker sehen in der Regel keinen Zusammenhang zwischen individuellem Verhalten und politischen Forderungen, so daß ihre Glaubwürdigkeit bei der Durchsetzung umweltpolitischer Forderungen - sofern sie diese überhaupt erheben - meist nicht sehr groß ist. Die Industrie, die nicht selten abhängig von internationalen Konzernen ist, weiß geringere Umweltauflagen und mangelhafte Kontrollen zu nutzen.

Die Masse der Bevölkerung, die arm ist und oft weder lesen noch schreiben kann, hat bei ihrem täglichen Kampf ums Überleben und angesichts der reichen "Vorbilder" im Lande wenig Sinn für umweltbewußtes Verhalten. Sie ist in der Regel nicht in der Lage und auch nicht bereit, für Güter und Dienstleistungen höhere Preise oder Gebühren in Kauf zu nehmen, die durch Umweltauflagen verursacht sind. Die Medien sind kontrolliert oder zu schwach, um Umweltdelikte und die dafür Verantwortlichen anzuprangern. Auch die Intellektuellen im Lande sind meist viel zu abhängig vom politischen und wirtschaftlichen Wohlverhalten - vor allem, wenn sie ihren im Westen, beim Studium erworbenen Lebensstandard halten wollen -, als daß sie sich für Umweltbelange in ihrem gewohnten Tätigkeitsfeld einsetzen könnten. Ökologisch orientierte Raumplanung findet aus den genannten Gründen nur wenig Unterstützung.

(2) Über jahrhundertelange Überlieferung ist das traditionelle Wissen um die lokale Umwelt - auch in Ländern der Dritten Welt - sehr groß. Sobald aber moderne Materialien, Produkte und Technologien eingeführt werden und in das bestehende Ökosystem einwirken oder eingreifen, hilft dieses Wissen nicht mehr weiter. Für neues Wissen, also für ökologische System- und Wirkungsforschung, fehlen Mittel und Personal, selbst verfügbare Forschungsergebnisse sind meist nur in den Universitäten und Informationsspeichern der Industrieländer vorhanden und von dort abrufbar, aber nicht vor Ort. Für systematische, einheimische Forschungsförderung wiederum fehlen die Mittel und geeignete Forschungsstrukturen; für die Verbreitung von Forschungsergebnissen mangelt es an Fachzeitschriften und geeigneten Fachverlagen. Dieser Teufelskreis ist kaum zu unterbrechen. Die ökologische Orientierung der Raumplanung scheitert daher schon oft an nicht verfügbaren Daten und Kenntnissen über lokale und regionale Wirkungszusammenhänge.

(3) Die hohen Kosten für die Erhaltung der Umwelt übersteigen die Zahlungsfähigkeit vieler Länder der Dritten Welt. Präventiver Umweltschutz in Form einer behutsamen, an ökologischen Erfordernissen orientierten Entwicklungsplanung, würde zumindest theoretisch keine hohen Kosten verursachen. Doch auch Umweltbewußtsein, Umweltdaten und Sachverstand, die Voraussetzung für umweltbewußtes Handeln sind, setzen erhebliche Investitionen in umweltbezogene Informationen und Institutionen voraus. Für nachträgliche Umweltreparaturen bleibt in der Regel wenig finanzieller Spielraum, es sei denn, internationale oder bilaterale Projekte nehmen sich derartiger Probleme an. Der private Sektor als Finanzier für Umweltschutz fällt in der Regel völlig aus.

(4) In den meisten Ländern der Dritten Welt fehlen geeignete oder effiziente Institutionen und Verbände, die sich der Umweltbelange annehmen, die ökologisch orientierte Raumplanung dort betreiben, wo sie erforderlich wäre, oder die Projekte und Maßnahmen auf ihre Umweltverträglichkeit prüfen, ohne dabei Gefahr zu laufen, ins Kreuzfeuer politischer Kritik zu geraten, bzw. Opfer von Sanktionen zu werden. Angesichts der sonstigen Probleme, die die bestehenden Institutionen mit unzureichenden Mitteln zu bewältigen haben, gelten Maßnahmen zum Schutz der Umwelt, wenn sie nicht gerade der Sicherheit der Bevölkerung dienen, noch sehr häufig als Luxusbetätigung.

(5) Ein Instrumentarium, das die Einführung und Umsetzung ökologisch orientierter Raumplanung ermöglicht, steht in der Regel in Ländern der Dritten Welt nicht zur Verfügung. Es fehlen wirksame Gesetze und Instrumente ihrer Durchsetzung, oder es mangelt an gutem Willen, vorhandene Regelungen einzuhalten und durchzusetzen. Es fehlen aber auch motivierte und qualifizierte Fachleute und unabhängige Institutionen. Das allgemeine und das räumliche Planungsinstrumentarium ist noch wenig entwickelt und unter lokalen Bedingungen wenig wirksam, weil es in der Regel, gedankenlos oder mangels geeigneter Alternati-

ven, aus den imperialistischen Mutterländern auf die Kolonien und später auf die jungen Nationalstaaten übertragen wurde, durch ausländische Experten oder durch die diese kopierenden einheimischen Eliten der ersten Generation.

Die rasche Verbreitung von umweltbezogenem Wissen scheitert schließlich an den schlechten Informations- und Kommunikationsnetzen und -möglichkeiten.

(6) Trotz vielfältiger internationaler Bemühungen (UNESCO, 1978) sind umweltbezogene Aus- und Fortbildungsangebote angesichts der sonstigen gesellschaftlichen Rahmenbedingungen in den meisten Ländern der Dritten Welt noch sehr wenig entwickelt (Kunzmann 1982). Insbesondere fehlt es an handlungsorientierten, ingenieurwissenschaftlichen Aus- und Fortbildungsprogrammen und Kursen für Fach- und Führungskräfte im eigenen Land. Positionen in Lehre und Forschung sind schlecht bezahlt, die Arbeitsbedingungen an Hochschulen sind in der Regel nicht motivationsfördernd.

Staatliche Verwaltungsakademien beschränken ihre Ausbildungsinhalte auf allgemeines Verwaltungshandeln. Raum- und umweltbezogene Themen werden nur am Rande gestreift, da die Ausbilder in diesen Bereichen selbst nicht kompetent sind.

(7) Bestehende, sehr zentralistische und oft auch diktatorische Machtstrukturen in Ländern der Dritten Welt lassen oft nur wenig Spielraum für evolutionäre gesellschaftliche Veränderungen. Die Konzentration von Kapital und Macht in wenigen Händen und die am Westen orientierten Konsuminteressen der neuen Eliten sind für die Einführung von Umweltzielen in nationaler, regionaler und lokaler Entwicklungsplanung nicht gerade günstig.

Drei weitere Faktoren mögen eine Rolle dabei spielen, daß Umweltbelange in der Entwicklungsplanung von Ländern der Dritten Welt (noch) nicht den Stellenwert haben, den sie in Westeuropa und Nordamerika seit Jahren haben.

- Während in Europa die Beherrschung der Natur und ihrer Gefahren für die Menschen seit Jahrzehnten kein Thema mehr ist, sind viele Länder der Dritten Welt noch weit davon entfernt, die Mächte der Natur wirklich zu beherrschen. Folglich ist die Zähmung der Naturkräfte vielfach noch ein Ziel, das unterschwellig als wichtiger empfunden wird als die Erhaltung dieser Natur.

- Wirtschaftliche Interessen und das Fehlen von alternativen Einnahmequellen sorgen dafür, daß Wälder wider besseres Wissen abgeholzt und nicht wieder aufgeforstet werden, daß exportorientierte Monokulturen entstehen und daß Staudämme gebaut werden, die verheerende Auswirkungen auf die regionale Umwelt haben. Die bedenkenlose Ausbeutung der einheimischen Ressourcen ist meist die einzige Chance, die finanziellen Mittel aufzutreiben, die notwendig sind, um Ausrüstungsgüter zum Aufbau der Wirtschaft importieren zu können.

- Individuelle Abhängigkeit und der stets drohende Verlust des Arbeitsplatzes, aber auch die nie ungefährdete persönliche Sicherheit von einzelnen und Familien führen dazu, daß Entscheidungsträger und exponierte Fachleute nicht bereit sind, durch Kritik an bestehenden Verhältnissen persönliche Risiken einzugehen. Die Absicht, Ursachen und Verantwortlichkeiten von Umweltproblemen aufzuspüren und anzuprangern, wird daher sehr gründlich im Hinblick auf mögliche Folgen für die individuelle Sicherheit und Karriere geprüft.

Eine starke ökologische Orientierung der Raumplanung in der Dritten Welt bzw. eine bessere Abstimmung wirtschaftlicher Ziele mit ökologischen Erfordernissen ist angesichts der beschriebenen Gegebenheiten nur unter sehr günstigen Rahmenbedingungen möglich.

6. Instrumente des Transfers

Der Transfer von Ideen und Erfahrungen, von Methoden und Technologien, von Instrumenten und institutionellen Modellen aus der Ersten in die Dritte Welt geschieht auf viererlei Art und Weise: über Medien (z.B. über Bücher oder Fernsehen), über persönliche Kontakte und Konferenzen, über Aus- und Fortbildung, vor allem aber über Projekte der staatlichen und privaten Entwicklungszusammenarbeit. Die Mechanismen des Transfers in diesen vier Feldern bestimmen da jeweils Art, Umfang und Geschwindigkeit der Übermittlung inhaltlicher Botschaften, Werte oder Forderungen.

Bezogen auf den Transfer der Konzeption der ökologisch orientierten Raumplanung aus der Perspektive der Bundesrepublik Deutschland, stellen sich diese Bereiche wie folgt dar:

(1) Wissenschaftliche Publikationen in Büchern und Fachzeitschriften haben in vielen, jedenfalls immer in armen Entwicklungsländern wenig Einfluß. Da der Buch- und Zeitschriftenmarkt, von Ausnahmen abgesehen, von den Wissenschaftsfabriken der Industrieländer beliefert und beherrscht wird, haben einheimische Autoren nur selten die Chance, ihre vielleicht auch nicht immer auf dem neuesten Stand der Erkenntnis (des "Nordens") basierenden Aufsätze zu veröffentlichen. Die hohen Kosten von Zeitschriften und Büchern wiederum "sorgen" dafür, daß diese mögliche Zielgruppen in Entwicklungsländern nicht oder nur selten erreichen.

Es braucht also Jahre, ja Jahrzehnte, bis neue inhaltliche und methodische Überlegungen dort eintreffen, wo sie nützlich sein könnten. Letztlich wird der Transfer dieses Wissens nur unmittelbar über die Personen geschehen können, die diese Bücher oder Aufsätze geschrieben haben.

Noch eine andere Beobachtung ist wichtig: Die stille "Bewunderung" für den hohen Entwicklungsstand der Industrieländer ist wiederum auch Ursache dafür, daß für Erfahrungen aus anderen Entwicklungsländern ("Süd-Süd-Transfer") kaum Interesse besteht.

Erschwerend kommt hinzu, daß die Wissenschaftssprache fast immer eine internationale Sprache ist, also nicht immer die Sprache, die auch in der planenden Verwaltung gesprochen wird. Dies führt nicht selten zu Mißverständnissen oder zu mißbräuchlicher Nutzung der Wissenschaftssprache als Herrschaftsinstrument der Fachleute.

Bücher und Aufsätze in deutscher Sprache werden in den Ländern der Dritten Welt nicht gelesen. Es gibt nur wenige Studenten aus der Dritten Welt, die an Hochschulen in Deutschland Raumplanung studieren.

(2) Wesentliche Gelegenheiten des Austausches von neuen Informationen sind internationale wissenschaftliche Tagungen, Kolloquien oder Konferenzen. Der Aufwand für die Vorbereitung solcher Tagungen ist so groß, und die Kosten ihrer Durchführung sind so hoch, daß es nur wenig Veranstaltungen dieser Art gibt. In jüngster Zeit gab es nur zwei Veranstaltungen dieser Art, den Lilongwe Workshop 1986 in Malawi und das SPRING-Forum 1987 in Accra/Ghana (Thimm, 1987).

Beide Veranstaltungen haben sich als sehr fruchtbar für den Austausch von Erfahrungen und für die Förderung von persönlichen Kontakten erwiesen.

(3) Der Transfer von Wissen erfolgt traditionell über die Aus- und Fortbildung zukünftiger Fachleute. Die Zahl der Ausbildungsstätten, die in der Bundesrepublik Deutschland ein Studium der Raum- oder Umweltplanung für Studierende aus der Dritten Welt anbieten, ist sehr klein. Im Grunde sind es nur die Universitäten in Dortmund und Stuttgart (DSE, 1985).

Hinzu kommt lediglich die Deutsche Stiftung für Internationale Entwicklung, die gelegentlich kurze Fortbildungskurse in Berlin oder Feldafing anbietet, die Thematik ökologisch orientierter Raumplanung dabei aber nicht oder nur am Rande streift. Da der CDG die "Kompetenz" für den Bereich (technischer) Umweltschutz zugeteilt wurde, verschwindet in der Bundesrepublik Deutschland die komplexe Thematik ökologisch orientierter Planung im "Bermudadreieck" zwischen Wirtschaft, Landwirtschaft und technischem Umweltschutz.

Die Förderung einzelner Hochschulen in der Dritten Welt durch den DAAD und die GTZ ist ein anderer, sehr wichtiger Weg zur Verbesserung der Institutionellen Rahmenbedingungen der Aus- und Fortbildung in Ländern der Dritten Welt. Dozenten aus dem Bereich der Raumplanung sind gegenwärtig in Ghana (UST), Thailand (AIT) und Sambia tätig (DAAD, 1987).

(4) Zweifellos der wichtigste Transferbereich ist der der wirtschaftlich-technischen Zusammenarbeit zwischen der Bundesrepublik Deutschland und einzelnen Ländern der Dritten Welt.

Obwohl schon seit Jahren einzelne umweltbezogene Problemfelder (z.B. Abwasser, Müll) Gegenstand von Projekten der wirtschaftlich-technischen Zusammenarbeit sind, ist das gesamte Problemfeld erst 1987 in seiner vollen Breite Gegenstand gezielter Politiken geworden. Der Bericht "Umwelt und Entwicklung" des Bundesministeriums für wirtschaftliche Zusammenarbeit (BMZ, 1987) macht noch einmal darauf aufmerksam, daß der Schutz der Umwelt eine der vier fachlichen Schwerpunkte der Entwicklungszusammenarbeit ist, die in den "Grundlinien der Entwicklungspolitik der Bundesregierung" beschrieben sind (BMZ, 1986). (Die anderen Schwerpunkte sind "Ernährungssicherung und ländliche Entwicklung", "Verbesserung der Energieversorgung", "Bildung und Ausbildung".)

Umweltbezogene konkrete Projekte der wirtschaftlich-technischen Zusammenarbeit lassen sich drei Bereichen zuordnen:

- Integrierte ländliche Entwicklung/Landwirtschaft/Forstwirtschaft,
- Stadt- und Regionalplanung,
- Technischer Umweltschutz.

Dem präventiven Umweltschutz und der Ressourcenschonung wird dabei ganz besondere Bedeutung zugemessen (GTZ, 1987).

Die Ziele einer ökologisch orientierten Regionalentwicklung befinden sich also in voller Übereinstimmung mit den entwicklungspolitischen Zielsetzungen der Bundesregierung und den Leitlinien der für die Realisierung dieser Politik zuständigen Gesellschaft für Technische Zusammenarbeit.

Die Umweltverträglichkeitsprüfung von Entwicklungsprojekten steckt allerdings noch in den Kinderschuhen. Auch wenn es ausführliche Prüfkataloge für Gutachten gibt (UVP-Kriterienkataloge), so kann doch nicht immer sichergestellt werden, daß alle Prüfer von Projekten der wirtschaftlich-technischen Zusammenarbeit kompetent genug sind, die möglichen Wertungen aus Projekten auf die Umwelt sachgerecht zu prüfen.

7. Elemente eines Handlungskonzeptes zur stärkeren Berücksichtigung ökologischer Belange in den regionalen Entwicklungsländern der Dritten Welt

Nüchtern betrachtet gibt es wenig Hoffnung, daß die ökologisch orientierte Raumplanung kurzfristig zu einem realistischen Ansatz für die Regionalentwicklung in der Dritten Welt werden könnte. Die Gegebenheiten, die eine stärkere Berücksichtigung ökologischer Faktoren bei der Kontrolle und Steuerung der Raumentwicklung in der Bundesrepublik Deutschland bedingen, begünstigen oder erleichtern, sind in den meisten Ländern der Dritten Welt noch nicht gegeben. Diese Gegebenheiten zu verändern, heißt sehr breit und gleichzeitig in vielen Politikbereichen Veränderungen anzustreben und durchzuführen, die im Grunde nichts mit Raumplanung zu tun haben, diese aber erst ermöglichen. Derartige gesellschaftliche Veränderungsprozesse brauchen viel Zeit, sie sind nicht im Verlauf einer Generation abzuschließen.

Andererseits erfordert die zunehmende Gefährdung der Umwelt in der Dritten Welt schnelles und gezieltes Handeln auf vielen Ebenen, von der (umweltbezogenen) Überprüfung finanz- und wirtschaftspolitischer Instrumentarien (z.B. Term of Trades) bis zur Umweltverträglichkeitsprüfung von technischen Einzelprojekten. Trotz dieser generellen Skepsis angesichts der Komplexität dieser Problematik gibt es im Hinblick auf eine stärkere ökologische Orientierung der Raumplanung in Ländern der Dritten Welt eine Reihe von durchaus realistischen Ansatzpunkten und Maßnahmen im Rahmen der entwicklungspolitischen Zusammenarbeit:

(1) Durch die Einrichtung eines besonderen Forschungsfonds für Forscher aus der Dritten Welt (bilateral oder bei UNEP, UNCHS), durch gezielte Förderung der institutionellen und personellen Zusammenarbeit zwischen Hochschulen und Forschungsinstitutionen in Entwicklungsländern und in der Bundesrepublik Deutschland könnte die Informationsbasis für gezieltes, umweltbezogenes Handeln bei der regionalen Entwicklungsplanung schrittweise verbessert werden. Die bestehende Forschungsförderung ist unzureichend und konzentriert sich zu sehr auf Projekte deutscher Wissenschaftler.

(2) Jahrelang ist in der Bundesrepublik Deutschland nur wenig getan worden, um für Planer aus der Dritten Welt adäquate Ausbildungsprogramme anzubieten (Kunzmann, 1985). Inzwischen gibt es ein englischsprachiges Studium für Planer aus Entwicklungsländern in der Bundesrepublik Deutschland (SPRING an der Universität Dortmund), in dessen Rahmen auch gelehrt wird, wie Umweltgesichtspunkte in der regionalen Entwicklungsplanung berücksichtigt werden können.

Es fehlt aber immer noch an erprobten fremdsprachigen drei- bis sechswöchigen Ausbildungsangeboten im Bereich der Raum- und Umweltplanung für einzelne Zielgruppen aus der Dritten Welt, insbesondere an solchen Kursen, die in einzelnen

Ländern zusammen mit einheimischen Fachleuten angeboten werden. Selbstverständlich muß auch der Ausbau praxisorientierter Ausbildungsstätten in der Dritten Welt (insbesondere Fachhochschulen, Technische Hochschulen) trotz aller Probleme und Schwierigkeiten weiter unterstützt werden.

(3) Durch die Unterstützung von privaten Verlagen (Verlagspartnerschaften?) und unter Nutzung der Erfahrungen bisheriger Zusammenarbeit bei Schulbuch- und Druckereiprojekten sowie durch gezielte Förderung bei der Erstellung einheimischer Studienunterlagen und Lehrmaterialien könnte Fachliteratur zu erschwinglichen Preisen hergestellt und verbreitet werden. Die Archive der entwicklungspolitischen Institutionen in der Bundesrepublik Deutschland enthalten ungenutztes Material in Hülle und Fülle, das oft nur richtig aufbereitet und der Öffentlichkeit zugänglich gemacht werden müßte.

(4) Nicht alle Projekte zur Regionalentwicklung werden derzeit auch nach ökologischen Kriterien geprüft. Die Umweltverträglichkeitsprüfung von derartigen Projekten ist zwar beabsichtigt (GTZ, 1985), letzlich wird der Erfolg davon abhängen, ob es ausreichend qualifizierte Fachleute dafür geben wird, denn mit der Übertragung bundesrepublikanischer Checklisten auf die Verhältnisse in einzelnen Entwicklungsländern ist es nicht getan.

Die gezielte Förderung einheimischer Fachkräfte (Gutachter, Ingenieurbüros, etc.) durch stärkere Berücksichtigung dieser Potentiale bei Projekten der wirtschaftlich-technischen Zusammenarbeit ist eine bislang nicht genutzte Chance, Kompetenzen außerhalb der nicht immer sehr effizienten Staatsapparate aufzubauen.

(5) Durch die Überprüfung wirtschaftspolitischer Vereinbarungen und Instrumente zwischen der Bundesrepublik Deutschland und Ländern der Dritten Welt auf ihre möglichen negativen Folgen für Raumentwicklung und Umwelt könnte vermutlich manche wirtschaftlich begründete Unvermeidbarkeit der negativen Umweltbeeinflussung widerlegt werden. Produktpfadanalysen (Schwefel, 1986) wären eine Methode, die dazu angewandt werden könnte.

(6) Komplexe Projekte einer ökologisch orientierten Regionalentwicklung werden aus vielerlei Gründen auch in Zukunft nicht die Regel sein. Es lassen sich aber in die Konzeption von einzelnen sektoralen Projekten einfache Bestandteile ökologisch orientierter Raumplanung einbauen (Kunzmann, 1984), die zumindest deutlich machen, daß in diesem Handlungsfeld Defizite bestehen.

(7) Da ohne die Beteiligung der einheimischen Bevölkerung Projekte einer umweltverträglichen Raumentwicklung erfolglos bleiben, sollten nichtstaatliche Institutionen und Gruppen stärker als bisher gefördert werden. Die übliche

Beschränkung auf den staatlichen Sektor, auch wenn dies explizit von den Regierungen gewünscht wird, sollte nicht perpetuiert werden.

Diese Skizzierung einiger Elemente eines Handlungskonzeptes für die stärkere Berücksichtigung ökologischer Belange in der regionalen Entwicklungsplanung sollte umweltbewußte Raumplaner in der Bundesrepublik Deutschland nicht dazu verleiten, in der Dritten Welt das machen zu wollen, was in der regionalen Entwicklungsplanung in der Bundesrepublik Deutschland unter sehr viel besseren Rahmenbedingungen nicht realisiert werden kann. Schon mancher Mythos wurde so in die Dritte Welt exportiert.

Bescheidenheit, kleine gut durchdachte Schritte und die bessere Zusammenarbeit mit einheimischen Fachleuten können vermutlich mehr zur Erhaltung der Umwelt in Ländern der Dritten Welt beitragen als ehrgeizige Projekte zur eigenen Selbstbestätigung.

Literatur

Ahrens, P.P./Kunzmann, K.R.: Dhofar Land Use Planning Workshop. Ecodevelopment in the Southern Region of Oman. Unpublished discussion paper. Salala/Oman, 1984.

Barth, H.-G.: Ökologische Orientierung in Umweltökonomie und Regionalpolitik. In: Schriftenreihe des Fachbereichs Landespflege der Universität Hannover. Beiträge zur räumlichen Planung. Heft 3. 1982. Hannover 1982.

Bundesministerium für wirtschaftliche Zusammenarbeit, Referat Information/Bildungsarbeit: Materialien des Bundesministeriums für wirtschaftliche Zusammenarbeit Nr. 77. Umwelt und Entwicklung. Bonn, Juli 1987.

Cloke, P. (ed): Rural Planning: Policy into Action? Harper & Row, Publishers. London 1987.

Dewar, D./Todes, A./Watson, V.: Regional Development and Settlement Policy: Premises and Prospects. Allen & Unwin Publishers. London 1986.

Friedmann, J./Wulff, R.: The Urban Transition. Comparative Studies of Newly Industrializing Societies. Edward Arnold, Publishers. London 1975.

Fürst, D./Nijkamp, P./Zimmermann, K.: Umwelt-Raum-Politik: Ansätze zu einer Integration von Umweltschutz, Raumplanung und regionaler Entwicklungspolitik. Edition Sigma Rainer Bohn Verlag. Berlin 1986.

Gläser, B. (ed.): Ecodevelopment: Concepts, Projects, Strategies. Pergamon Press. Oxford 1986.

GTZ - Deutsche Gesellschaft für Technische Zusammenarbeit: Natürliche Ressourcen schonend nutzen - Umweltschutz in der Technischen Zusammenarbeit. Begleitpublikation zum Jahresabschluß und Lagebericht 1986. Eschborn 1987.

Hartje, V.J.: Umwelt- und Ressourcenschutz in der Entwicklungshilfe: Beihilfe zum Überleben? Arbeitsberichte des Wissenschaftszentrums Berlin. Campus-Verlag. Frankfurt/Main/New York 1982.

Jenssen, B./Kunzmann, K.R.: Aspekte der Raumplanung in Entwicklungsländern. Dortmunder Beiträge zur Raumplanung, Bd. 13, Dortmund 1982.

Kommission der Europäischen Gemeinschaften: Mitteilung der Kommission an den Rat und das Europäische Parlament. Schutz der natürlichen Ressourcen - Bekämpfung der Desertifikation in Afrika. KOM (86) 16 endg. Brüssel, Januar 1986.

Kunzmann, K.R./Dericioglu, K.T.: Aus- und Weiterbildung zur Erhaltung der Umwelt in der Dritten Welt. In: Zeitschrift für Umweltpolitik 3/84.

Kunzmann, K.R./Dericioglu, K.T.: Environmental Education and Training in and for Developing Countries. In: Third World Planning Review, Vol. 7 (1), 1985.

Kunzmann, K.R.: (Integrierte) Entwicklung durch (sektorale) Projektbausteine. Regionale Aktionsplanung zur Raumentwicklung: Ein handlungsorientierter Planungsansatz für unterentwickelte Regionen in der Dritten Welt. In: Gesellschaft für Umweltforschung und Entwicklungsplanung e.V. (Hrsg.): Möglichkeiten und Grenzen integrierter Entwicklungsprojekte, Saarbrücken 1981.

Miles, S.: Ecodevelopment and Third World Urban Regions: a Prospective for International Development Cooperation Policy. Ottawa 1979.

Redclift, M.: Sustainable Development - Exploring the Contradictions. Methuen Publishers. London 1987.

Repetto, R.: World Enough and Time: Successful Strategies for Resource Management. Vail-Ballou Press. Binghamton, N.Y., 1986.

Repnik, H.-P.: Umwelt- und Entwicklungspolitik. In: Internationales Afrikaforum. Heft 3. 1987.

Riddell, R.: Ecodevelopment: Economics, Ecology and Development. An Alternative to Growth Imperative Models. St. Martin`s Press. New York 1981.

Rondinelli, D.A.: Secondary Cities in Developing Countries: Policies for Diffusing Urbanization. SAGE Publications. Beverly Hills, Cal., 1983.

Sachs, I.: Stratégies de l'Ecodeéveloppement. Edition Economie et Humanisme les Edition Ouvrieres. Paris 1980.

Schweizer, G.: Zeitbombe Stadt: die weltweite Krise der Ballungszentren. Verlagsgemeinschaft Klett - Cotta. Stuttgart 1987.

Stöhr, W.B./Talor, D.R.F.: Development from Above or Below? The Dialectics of Regional Planning in Developing Countries. John Wiley and Sons, Publishers. Vienna/Ottawa 1981.

Thimm, H.-U./Green, D.A.G./Leupolt, M./Mkandawire, R.M. (ed.): Planning and Operating Rural Centres in Developing Countries: Lilongwe Workshop 1986. Studien zur integrierten ländlichen Entwicklung. Verlag Weltarchiv, Hamburg. Gießen 1986.

Timberlake, L.: Afrika in Crisis: the Causes, the Cures of Environmental Bankruptcy. International Institute for Environment and Development, Publishers. London/Washington 1985.

United Nations: The State of the World Environment. United Nations Environment Programme. UNEP/GC.14/6. Nairobi 1987.

United Nations: Annual Report of the Executive Director 1986, Part One. UNEP/GC.14/3. Nairobi 1987.

United Nations: The State of the Environment. Environment and Health. United Nations Environment Programme. UNEP/GC.14/5. Nairobi 1986.

Ward, B.: Progress for a Small Planet. Penguin Books. Harmondsworth, U.K., 1979.

White, R./Burton, I. (ed.): Approaches to the study of the environmental implications of contemporary urbanization. In: The Programme on Man and the Biosphere (MAB). Prepared in co-operation with IFIAS-Project Ecoville. MAB Technical Notes 14. UNESCO, Publisher. Paris 1983.

World Commission on Environment and Development: (Brundtland-Report) Our Common Future. Oxford University Press. Oxford 1987.

Weinert, W.F./Kress, R./Karpe, H.-J.: Umweltprobleme und nationale Umweltpolitiken in Entwicklungsländern. In: Forschungsberichte des Bundesministeriums für wirtschaftliche Zusammenarbeit, Band 22. Weltforum-Verlag. Köln 1981.

Wöhlcke, M.: Umweltzerstörung in der Dritten Welt. Verlag Beck (Beck'sche Reihe). München 1987.

Gewässergüteindikatoren der Raumplanung

Nutzwertanalysen als Grundlage für die Bestimmung von Güteindikatoren

von
Helmut Karl und Paul Klemmer, Bochum[*)]

Gliederung

1. Raumplanung und Gewässergüteindikatoren

2. Nutzungsorientierte Gewässergüteindikatoren

    2.1 Methodischer Ansatz
    2.2 Gewässerfunktionen
    2.3 Gewässergüte und -zustand

3. Gewässergüteindikatoren

    3.1 Typen von Güteindikatoren
    3.2 Gütekriterien aus Trinkwasserversorgungssicht
    3.3 Ökologische Fließgewässerbewertung
    3.4 Querschnittsindikatoren - Mindestgüte - Polyvalenzgrad

        3.4.1 Zur Begründung querschnittsorientierter Mindestgüteindikatoren
        3.4.2 Selektion von Beobachtungsmerkmalen
        3.4.3 LAWA-Gütestufung
        3.4.4 Mindestgüteanforderungen in NRW

    3.5 Regionalisierte Güteindikatoren

4. Zusammenfassung

5. Literaturverzeichnis

Anmerkungen

1. Raumplanung und Gewässergüteindikatoren

Seit geraumer Zeit beobachtet man im Rahmen der Raumplanung eine sog. ökologische Neuorientierung. Dies beinhaltet die zunehmende Berücksichtigung von Umweltaspekten in der Raumordnung bzw. Landes- und Regionalplanung. Dies verlangt aber auch die Entwicklung spezifischer Indikatoren zur Beurteilung der jeweiligen Ausgangssituation. Soweit sich Landesplanung und Raumordnungspolitik dem Umweltanliegen widmen, benötigen sie eine differenzierte Bestandsaufnahme der Umweltqualität in den einzelnen Teilräumen. Dies verlangt die Entwicklung spezifischer Indikatoren, mit denen Ausgangssituationen bewertet, Regionen verglichen und raumplanerische Ziele operationalisiert werden können. Mit dieser letztgenannten Problemstellung hat sich bereits vor einer Reihe von Jahren der Beirat für Raumordnung[1] beschäftigt und zu diesem Zweck einen Indikatorenkatalog entworfen, der auch zur Erfassung und Bewertung hydrologischer Bedingungen einer Region dienen sollte. Bei diesen Empfehlungen wurden vor allem die

- unbebauten Uferstreifen,
- Auen und Feuchtgebiete,
- Gewässertemperatur sowie
- Gewässersaprobietät

als Beobachtungsmerkmale zur Kennzeichnung der regionalen Umwelt- und Gewässerqualität in den Vordergrund gestellt. Diese Arbeiten waren für die damalige Zeit verdienstvoll, erweisen sich aber in der Zwischenzeit als änderungs- und ergänzungsbedürftig[2], denn die Empfehlungen des Beirats für Raumordnung leiden darunter, daß[3]

- die Auswahl von Beobachtungsmerkmalen zu wenig theorie- und zweckgeleitet ist,
- das Umweltmedium Boden weitgehend ausgeblendet wird,
- räumlichen Einflüssen bei der Erfassung der Umweltqualität nicht ausreichend Aufmerksamkeit geschenkt wird,
- zahlreiche Ansätze, die sich gleichfalls darum bemühen, regionale Umweltqualität zu operationalisieren, vernachlässigt wurden[4].

Als weiterer Kritikpunkt ließe sich anfügen, daß methodische Anforderungen, die bei der Bildung von Umweltindikatoren erfüllt werden sollten, völlig vernachlässigt wurden.

2. Nutzungsorientierte Gewässergüteindikatoren

2.1 Methodischer Ansatz

Bei jeder quantitativen Erfassung der Lebensbedingungen sind einige methodische Grundfragen abzuklären. Die methodischen Probleme einer auf Indikatoren gestützten Umweltberichterstattung stimmen über weite Strecken mit denen überein, die auch im Rahmen der Sozialindikatorenforschung behandelt werden. Die dort formulierten Überlegungen[5] geben Hinweise für die Methodik einer Analyse der regionalen Umweltbedingungen, soweit es darum geht, Umweltindikatoren

- auszuwählen,
- zu aggregieren,
- zu gewichten,
- zu regionalisieren.

Ein Indikator ist ein statistisch meßbares Beobachtungsmerkmal, dessen Ausprägung einen bestimmten Sachverhalt charakterisieren soll[6]. Für den Bereich der Umweltindikatoren können bei einer medialen Betrachtung Luft, Boden und Wasser als Beobachtungsobjekte betrachtet werden, über die mit Hilfe geeigneter Indikatoren Qualitätsaussagen getroffen werden[7]. Um Güteurteile abgeben zu können, muß der Begriff der Luft-, Wasser- und Bodenqualität zumindest in Umrissen abgesteckt sein, um überhaupt beobachtbare Merkmale der Umweltmedien benennen zu können, die eine Indikatorenfunktion ausüben könnten. Versteht man unter Umweltgüte die Fähigkeit von Umweltmedien, für bestimmte Nutzungen oder Zwecke geeignet zu sein[8], kann die regionale Wasserqualität entlang von Gewässereigenschaften näher umrissen werden[9]. Sind nachvollziehbar jene Eigenschaften des Wassers benannt, die darüber entscheiden, in welchen Verwendungsrichtungen Wasser verwertbar ist, können aus der Vielzahl biologischer, physikalischer und chemischer Zustandsmerkmale zielgerichtet solche ausgewählt werden, die als Indikatoren für Güteeigenschaften fungieren können. Die Selektion beruht folglich auf der Basis eines naturwissenschaftlich nachweisbaren Zusammenhangs zwischen relevanter, beobachtbarer Eigenschaft und Zweckerfüllung. Existiert dieser, kann vom Beobachtungsmerkmal auf die Gewässergüte geschlossen werden[10]. Dem Güteurteil liegt dabei ein bestimmtes Wert- und Zielsystem zugrunde. Es ist zwar als solches wissenschaftlich nicht begründbar, aber notwendig, um aus der Vielzahl beobachtbarer Eigenschaften von Umweltgütern die relevanten überhaupt selektieren und vor dem Hintergrund von Nutzungsinteressen gewichten zu können. Analog zur Nutzwertanalyse[11] werden Qualitätsvorstellungen exakt beschrieben und die Bewertungsschritte explizit deutlich gemacht.

2.2 Gewässerfunktionen

Die "hydrologische Umwelt" des Menschen läßt sich durch zahlreiche komplexe Tatbestände und Vernetzungen beschreiben. Obwohl wir uns zur Vereinfachung dabei auf die Oberflächengewässer beschränken, gilt auch für sie, daß ihr Zustand mit einer Vielzahl chemischer, biologischer und physikalischer Größen beschrieben werden kann. Wenn diese gleichzeitig den Kreis von beobachtbaren Merkmalen bilden, die Gewässergüte anzeigen können[12], ist zu fragen, welchem Kriterium eine Selektion von Beobachtungsmerkmalen für Gewässerqualität folgen soll. Der Beirat für Raumordnung hat darauf keine Antwort gegeben. Deshalb erscheint seine Auswahl von Indikatoren recht willkürlich. Um diesem Vorwurf auszuweichen, muß darum zunächst Klarheit über das, was gemessen und bewertet werden soll, geschaffen werden.

Im Rahmen einer regionalen Umweltberichterstattung bemüht man sich in der Regel auch darum, die Gewässergüte zu messen. Unter Qualität oder Güte kann dabei die Eignung eines Oberflächengewässers für einen bestimmten Zweck verstanden werden[13]. Sie stellt sich ein, wenn Gewässer ganz bestimmte Funktionen erfüllen können, die für den Menschen und /oder den Naturhaushalt nützlich sind. Auf der Basis klar umrissener Nutzungsinteressen, die sich auf die Ausnutzung bestimmter Gewässerfunktionen konzentrieren, lassen sich jene Zustandsmerkmale herausgreifen, mit deren Hilfe Gewässergüte oder -qualität gemessen werden kann. Dies drücken auch Doetsch und Pöppinghaus aus, wenn sie schreiben:

> "Geht man davon aus, daß der Gewässerzustand wertfrei, d.h. objektiv durch Konzentrationen oder Intensitäten physikalischer, chemischer, biologischer und sonstiger Merkmale charakterisierbar ist und sich das im Hinblick auf die Gewässernutzungen relevante Gewässerzustandsspektrum durch nutzungsadäquate Meßgrößen sachlogisch spezifizieren läßt, so gilt, daß Gewässergüte der an den Anforderungen der Gewässernutzungen (Wertsystem) beurteilte, durch die Indikatoren sachgerecht beschriebene Gewässerzustand ist."[14]

Wenn diese Schlußfolgerung, daß Gewässerbewertungen auf Nutzungsinteressen an Gewässerfunktionen zurückzuführen sind, bejaht wird, steht die Raumplanung vor dem gravierenden Problem, mehrere (insbesondere konkurrierende) Ansprüche in ihre Qualitätsbeurteilung einzubeziehen. Es bereitet ihr Schwierigkeiten, jenen Querschnitt von Beobachtungsmerkmalen zusammenzustellen, der möglichst weitgehend den wichtigsten Ansprüchen, die an ein Fließgewässer gestellt werden, gerecht wird. Ohne diese im einzelnen zu behandeln[15] kann vermutet werden, daß die verschiedenen Ansprüche sich gemeinsam auf eine Reihe grundlegender Gewässerfunktionen beziehen. Diese Funktionen oder Leistungen von Gewässern im Naturhaushalt und für den Menschen lassen sich in Anlehnung an die Literatur vereinfachend als

- Lebensraum-,
- Regelungs-,
- Produktions-,
- Trinkwasserversorgungs- und
- Erholungsfunktionen

umschreiben.

Betrachtet man zunächst die Lebensraumfunktion[16] der Fließgewässer, so bietet der Gewässerkörper zum einem Lebensraum für zahlreiche aquatische Tiere und Pflanzen. Sein Uferrand ist zum anderen, wenn von der Gestalt des Flußbetts und der Uferrandzone sowie der Flußführung bestimmte Voraussetzungen erfüllt werden, für zahlreiche Arten eine Überlebensnische.

Die Regelungsfunktion der Oberflächenfließgewässer läßt sich in mehrere Teilfunktionen aufgliedern. Zu ihnen gehört ein breites Spektrum von Fähigkeiten, die von Beiträgen zur Grundwassererneuerung bis zum Vermögen der Selbstreinigung reichen. Da ist zunächst ihre Eigenschaft, Regen- und Hochwasser sowie vom Wasser mitgeführte Inhaltsstoffe ableiten und Schadstoffe verarbeiten zu können. Die Ableitungsfunktion bezieht sich außerdem auf die Fortführung von Schad- und Inhaltsstoffen, die in das Gewässer eingeleitet werden. Weiter kann die Fähigkeit eines Gewässers, aquatische Ungleichgewichte abzubauen, als Element der Regelungsfunktion betrachtet werden. Sie ist eng mit der Lebensraumfunktion verbunden, weil organische Stoffeinträge durch Mikroorganismen abgebaut werden können. Diese sind die Basis der biologischen Selbstregulationsfähigkeit der Gewässer. Neben dem biologischen Stoffabbau ist der chemische zu erwähnen, denn biologisch nicht abbaubare Stoffe werden meist durch chemische Oxidation im Gewässer reduziert.

Die Produktionsfunktion[17] von Fließgewässern wird aktiviert, wenn diese als Inputfaktor produktive Leistungen erbringen. Vom Standpunkt einer ökonomischen Betrachtungsweise aus gesehen, kann auch das Regenerationspotential als eine Inputgröße klassifiziert werden, weil bei der Abwassereinleitung die Erneuerungs- und Reinigungskapazität des Gewässers für industrielle oder kommunale Zwecke bereitgestellt wird. Vor allem aber zählen zur Produktionsfunktion die Transport- und Brauchwasserleistungen, die Gewässer für die verschiedenen volkswirtschaftlichen Sektoren erbringen. Sie können Transportaufgaben übernehmen, weil sie sich als Verkehrsstrecke zum Transfer von Personen und Gütern eignen. Ihre Brauchwasserfunktion ergibt sich aus der Tatsache, daß die Fließgewässer nicht nur dazu dienen, Reststoffe der Produktion und Konsumtion aufzunehmen. Sie leisten vielmehr auch direkte Produktionsbeiträge. So wird im Bereich der Energiewirtschaft Wasser als Kühlmittel und Energieerzeuger genutzt, die Landwirtschaft versorgt ihre Pflanzenkulturen und ihr Vieh mit

Oberflächenwasser, die chemische Industrie speist es in ihre Verfahrensprozesse ein.

Die Erholungsfunktion von Gewässern wird etwa angesprochen, wenn es Sport- und Badeaktivitäten Raum bietet. Ihre Uferrandstreifen laden zum Camping, Angeln u. ä. Freizeittätigkeiten ein, und ihr Gewässerkörper kann durchschwommen sowie für Bootsfahrten etc. genutzt werden.

2.3 Gewässergüte und -zustand

Vor dem Hintergrund der Gewässerfunktionen bzw. Nutzungsinteressen kann Gewässergüte als Fähigkeit zur Funktions- oder Bedarfserfüllung interpretiert werden. Damit basiert auch die Gewässergütestufung der Raumplanung auf den Anforderungen (Wertsystem), die an die hydrologischen Ressourcen gestellt werden. Im Rahmen der öffentlichen Gewässerbewirtschaftung sind dies insbesondere Trinkwasser-, Brauchwasser- und Lebensraum- sowie Erholungsansprüche. Indem die raumplanerischen Indikatoren sich auf sie beziehen, bietet dieser Rückgriff gegenüber dem Vorgehen des Beirats für Raumordnung den Vorteil, daß die Bewertungsbasis deutlicher und die sich daran anschließende Auswahl von Beobachtungsmerkmalen nachprüfbarer und für Kritik offener wird[18].

Die Gewässergüte wird mit Hilfe von meßbaren Zustandsmerkmalen eines Gewässers angezeigt. Der Zustand eines Oberflächengewässers umfaßt eine Vielzahl chemischer, physikalischer, biologischer und ökologischer Gewässereigenschaften. Zu ihnen zählen Komponenten wie

- quantitatives Dargebot, mittlere Wasserführung,
- Abflußgeschwindigkeit,
- Schadstoff- und Nährstoffhaushalt,
- Artenhaushalt,
- Gewässermorphologie, Gewässerverlauf,

um nur schlaglichtartig auf einige Determinanten hinzuweisen[19]. Ihre jeweilige Ausprägung entscheidet über die Qualität der verschiedenen Gewässerfunktionen.

3. Gewässergüteindikatoren

3.1 Typen von Güteindikatoren

Gewässerqualitätsindikatoren können sich auf einzelne Funktionen und Nutzungsansprüche konzentrieren. In Abhängigkeit von ihnen rücken bestimmte Beobachtungsmerkmale in den Vordergrund. So wird etwa die Trinkwasserwirtschaft dem Schadstoffhaushalt des Gewässers einen besonderen Stellenwert zuweisen und dagegen die Struktur des Uferrandstreifens als weniger bedeutend erachten. Umgekehrt könnten aus der Sicht ökologischer Gewässerfunktionen gerade die Lebensraumeigenschaften des Uferrandstreifens ein wichtiges Kriterium für die ökologische Gewässergüte sein.

Neben speziellen Güteindikatoren gibt es noch Querschnittsindikatoren[20]. Sie beurteilen Güte nicht allein vor dem Hintergrund spezifischer Nutzungsinteressen, sondern versuchen, die durchschnittliche Fähigkeit eines Gewässers allen im zweiten Abschnitt geschilderten Ansprüchen und Funktionen gegenüber zu beschreiben. Querschnittsindikatoren drücken damit den Polyvalenzgrad der Oberflächengewässer aus.

Im weiteren werden zunächst zwei spezielle Güteindikatoren für die Bereiche Trinkwasserversorgung und ökologische Gewässerqualität dargestellt. Sie wurden herausgegriffen, weil es sich um zwei Ansprüche oder Funktionen handelt, die in der öffentlichen Bewirtschaftungsordnung für Gewässer eine hervorgehobene Rolle spielen[21]. Daran anschließend werden querschnittsorientierte Mindestgüteindikatoren besprochen.

3.2 Gütekriterien aus Trinkwasserversorgungssicht

Gütekriterien aus der Sicht der Trinkwasserversorgung finden sich in einer Reihe von Richtlinien, Verordnungen und technischen Regelwerken. So hat der Deutsche Verein des Gas- und Wasserfaches (DVGW) ein Regelwerk von Anforderungen an Oberflächengewässer formuliert, die eingehalten werden müssen, wenn diese sich zur Trinkwasserversorgung eignen sollen. Neben dem DVGW-Regelwerk liegen die DIN 2000, die Rohwassergüteanforderungen fixiert, die Trinkwasserverordnung (TWVO)[22], die Trinkwasseraufbereitungsverordnung sowie die WHO-Trinkwassergütekriterien und eine EG-Richtlinie "Trinkwasser" vor.

Trinkwasser darf nach der Trinkwasserverordnung bei lebenslänglichem Konsum keine Gesundheitsschäden herbeiführen. Es soll deshalb keimarm und schadstofffrei, "farblos, klar, kühl, geruchlos und von gutem Geschmack sein."[23] Um diesen und weiter detaillierten Anforderungen gerecht zu werden, kann Oberflächenwasser im allgemeinen nicht unmittelbar in das Trinkwasserversorgungsnetz eingespeist werden. Zum Schutz des Trinkwasserkonsumenten sind vielmehr Entkeimung und Reinigung notwendig. Mit einem entsprechenden technischen Aufwand an Aufbereitungsmaßnahmen sind Belastungen des Rohwassers, etwa die Salz- und Nitratbelastung, grundsätzlich soweit reduzierbar, daß die Normen der TWVO eingehalten werden können. Da aus der Sicht der Wasserversorgung die Aufbereitung mit Kosten verbunden ist, wird sie Abweichungen des Rohwasserzustandes vom Trinkwasserqualitätsstandard negativ beurteilen. Ihr können Trinkwassernormen darum durchaus als Bewertungsgrundlage für die Beurteilung eines Gewässers dienen[24].

Grundnorm der TWVO ist der Schutz menschlicher Gesundheit. Die Trinkwasserverordnung verwendet zur Kennzeichnung der hierfür relevanten Anforderungen neben bakteriologischen Kriterien elf Stoffe, darunter Schwermetalle und organische Chemikalien[25]. Zu ihnen zählen etwa Arsen, Blei, Cadmium, PCB usw.[26]

Das DVGW-Regelwerk zielt im Gegensatz zur TWVO auf die Rohwasserqualität ab[27]. Das DVGW-Arbeitsblatt 151 formuliert Aufbereitungsanforderungen und nennt Rohwassergrenzwerte für bestimmte Gewässerinhaltsstoffe. Zu ihnen gehören:[28]

- allgemeine oder organoleptische Gütemerkmale wie Farbe, Geruch, Temperatur, Geschmack;
- Summenparameter, die die Gesamtmengen einzelner chemischer Verbindungen erfassen;
- Gruppenparameter, die Stoffe gleichartiger chemischer Konstitution und Wirkung aggregieren;
- Einzelsubstanzen, wie Chlorid, Sulfat, Nitrat, Schwermetalle.

Außerdem wird mit Summenparametern der Übersicht 1 gearbeitet. Sie bieten sich an, wenn die Aufschlüsselung der Einzelelemente zu teuer oder nur mit hohem technischen Aufwand möglich ist.

Übersicht 1: Summenparameter[29]

Parameter	Grenzwerte mg/l	
	A	B
Gesamtgehalt gelöster Stoffe	400	800
DOC	4	8
CSB	10	20
BSB-5	3	5

Bei den im DVGW-Arbeitsblatt registrierten Stoffen werden zwei Grenzwerttypen (Kategorien A und B) unterschieden. Grenzkonzentrationen für Rohwasser der Kategorie A sind so gestaltet, daß bei 'natürlichen' Aufbereitungsverfahren Trinkwasser produziert werden kann. Eine weitergehende Anwendung physikalisch-chemischer Verfahren schlägt sich in Gestalt einer Sicherheitsspanne nieder, "die es erlaubt, auch bei Stoßbelastungen noch ein stets einwandfreies Trinkwasser zu liefern."[30] Grenzwerte der Kategorie B hingegen verfügen nicht über eine großzügig bemessene Sicherheitsspanne[31].

"Verzichtet man jedoch auf diese Sicherheitsspanne und vermindert die Anforderungen an die Wasserqualität im Gewässer bis an die Grenzen der Wirksamkeit der Aufbereitungsverfahren bzw. bei den durch Aufbereitung nicht zu beeinflussenden Parametern bis an die Grenzwerte der Trinkwasserverordnung, so ergeben sich die Parameterkonzentrationsgrenzwerte der Kategorie B. Bei Einhaltung dieser Werte kann man bei optimalem Betrieb der normalerweise eingesetzten physikalisch-chemischen und biologischen Wasseraufbereitungsverfahren noch Trinkwasser gewinnen, das den Anforderungen genügt, jedoch mit deutlich verminderter Sicherheit."[32]

Die Arbeitsgemeinschaft der Wasserwerke im Rheineinzugsgebiet hat ebenfalls A- und B-Gütekriterien formuliert[33]. Im einzelnen sind es[34]

- der gelöste, organisch gebundene Kohlenstoff (DOC-Wert = organische Belastung),
- die Ammoniumkonzentration (= Abwasserbelastung)[35],
- das Sauerstoffsättigungsdefizit (= biologisch abbaubare Belastung)[36],
- die Summe der Neutralsalze sowie
- die organischen Chlorverbindungen (= schwer abbaubare, biologisch resistente Stoffe)[37].

Den Beobachtungsmerkmalen werden je nach Meßwert Qualitätskennzahlen zugeordnet, die mit vier Stufen unbelastete bis übermäßig verschmutzte Gewässer unterscheiden. Auf der Basis der vier Einzelqualitätseinstufungen wird ein Mittelwert zur Gesamttrinkwasserqualität errechnet[38].

Gütekriterien für Oberflächengewässer finden sich auch in der EG-Richtlinie Trinkwasser. Sie erfaßt, dem WHO-Konzept folgend, sechs Qualitätsmerkmale:[39]

- organoleptische Eigenschaften wie Farbe, Trübung, Geruch,
- physikalisch-chemische-Faktoren wie Chlorid, Natrium, Kalium etc.,
- unerwünschte Faktoren wie Nitrit, Nitrat, Kohlenwasserstoffe etc.,
- toxische Faktoren wie Arsen, Blei, Cadmium, polycyclische aromatische Kohlenwasserstoffe,
- mikrobiologische Faktoren wie Gesamtkeimzahl etc.,

- Mindestkonzentrationen für enthärtetes Wasser (ph-Wert, Calcium etc.)[40].

Die EG-Oberflächengewässerrichtlinie gibt gleichfalls physikalische, chemische und mikrobiologische Merkmale an, die erfüllt sein sollen, wenn Oberflächenwasser bei der Trinkwassergewinnung zum Einsatz kommen soll. Die Grenzwerte der Richtlinie werden dabei in drei Gruppen aufgegliedert, um je nach Parameterkonzentration im Rohwasser ein entsprechendes Aufbereitungsverfahren vorzuschreiben.

3.3 Ökologische Fließgewässerbewertung

Auf eine ökologische Zustandsbewertung von Gewässern zielen die Arbeiten der LÖLF und LWA ab[41]. Vor dem Hintergrund ökologischer Ansprüche reicht ihnen der Saprobienindex bzw. die Mindestgütebewertung nicht zur Gewässerklassifikation aus. Ihre Bewertung differenziert zwischen dem

- aquatischen,
- amphibischen und
- terrestrischen

Bereich eines Gewässers und trägt der Tatsache Rechnung, daß biologische Kriterien (Saprobienindex) überhaupt nur ein Moment im Rahmen einer umfassenden ökologischen Beurteilung sein können. Für sämtliche Bereiche wird eine Liste von Zustandsmerkmalen wie geomorphologische Strukturelemente, Kleinbiotope, Pflanzengesellschaften, ausgewählte Tiergruppen etc. zusammengestellt, entlang derer ein Gewässer bewertet wird. Die Bewertung beruht auf einer Skalierung, bei der etwa ein voll typischer Gewässerkörper und Flußlauf oder ein dem Gewässertyp völlig entsprechendes Arteninventar mit der höchsten Punktzahl versehen werden. In eine ähnliche Richtung arbeitet das ökologische Bewertungsschema von Ludwig und Scholze[42].

3.4 Querschnittsindikatoren - Mindestgüte - Polyvalenzgrad

3.4.1 Zur Begründung querschnittsorientierter Mindestgüteindikatoren

Querschnittsindikatoren[43] geben auf der Basis beobachtbarer Merkmale und Grenzwerte den Polyvalenzgrad der Ressource an. Im Gegensatz zu Indikatoren, die lediglich ein (!) Nutzungsinteresse in den Vordergrund rücken, werden von Querschnittsindikatoren mehrere Ansprüche reflektiert. Sobald aber mehrere Gewässeransprüche aufgenommen werden, wird ein Gewichtungs- und Bewertungsproblem virulent. Es stellt sich die Frage, wie konkurrierender Bedarf bei der Gütebewertung zu berücksichtigen ist. Hier wird vorgeschlagen, sich an einer

Mindestgüte zu orientieren, die allen Funktionen und von der Raumplanung reflektierten Nutzungen[44] gerecht wird; insofern kann auch von querschnittsorientierten Mindestgüteindikatoren gesprochen werden. Es werden Mindestgütewerte vorgegeben, die sicherstellen sollen, daß die verschiedenen Nutzungen und Gewässerfunktionen realisierbar bleiben und nicht an prohibitiv hohen Kosten scheitern. Abbildung 2 verdeutlicht beispielhaft und vereinfachend den angesprochenen Zusammenhang für zwei konkurrierende Nutzungsinteressen an einem Gewässer. Ein gegebener Wasserschatz und dessen Stoffaufnahmevolumen kann etwa zugunsten der Trinkwasserversorgung konserviert werden; im Grenzfall dient das Gewässer allein der Trinkwasserversorgung, wenn ihr Anteil am Stoffvolumen $\overline{OP}$ entspricht. Alternativ wäre es denkbar, das Stoffaufnahmepotential allein zugunsten der Abwasseraufnahme und -ableitung zu reservieren ($\overline{OZ}$). Dabei stehen hinter Verschmutzungsaktivitäten bzw. Rohwasserschutz jeweils Güterproduktionsinteressen oder Konsumwünsche, die nur realisiert werden können, wenn auf die hydrologischen Ressourcen zurückgegriffen werden kann[45].

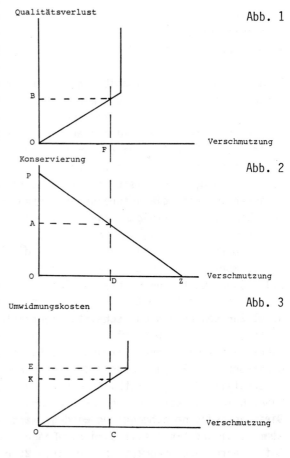

Abb. 1

Abb. 2

Abb. 3

Auf der fallend verlaufenden Gerade liegen die maximal möglichen Kombinationen zwischen Verschmutzung und Reinhaltung des Gewässers. Da die zunehmende Nutzung des Deponievolumens bzw. der Ressourcenqualität in einer Verwendungsrichtung nur zu Lasten der anderen gehen kann, hat die Restriktionsgerade in Abbildung 2 einen fallenden Verlauf.

Querschnittsorientierte Mindestgütestandards zielen hier darauf ab, zugunsten der Trinkwasserversorgung mindestens jenen Teil des Deponievolumens zu reservieren, der eine Rohwasserqualität sichert, die eine Aufbereitung erlaubt. Ein Verschmutzungsgrad über $\overline{OD}$ hinaus könnte deshalb ausgeschlossen werden, um die Mindestrohwassergüte in Höhe von $\overline{OA}$ zu sichern. Verallgemeinert man den hier angesprochenen Konflikt zwischen Trink- und Brauchwassernutzung, schützen querschnittsorientierte Mindestgütevorschriften konkurrierende Nutzungsinteressen voreinander. Sie sichern den Ressourcenzugang und schützen die Polyvalenzeigenschaften im Interesse aller Ressourcennutzer.

Wie können querschnittsorientierte Indikatoren und Mindestnormen begründet werden? Zum einen kann der Hinweis auf die öffentliche Gewässerbewirtschaftung helfen. Wenn nämlich wichtige Gewässernutzungen nicht über Märkte gesteuert werden[46] und die Ressource als Gemeineigentum betrachtet wird, kann im Querschnittsanliegen die öffentliche Präferenzstruktur zum Ausdruck kommen. Wichtige ökonomische Gründe für Querschnittsindikatoren und -grenzwerte können in den Vorteilen einer polyvalenten Ressource und einer Reihe weiterer Tatbestände gefunden werden:

- Oft ist ein präventiver Ressourcenschutz kostengünstiger als die nachträgliche Sanierung von Gewässern. Die in Abbildung 3 dargestellte Phase prohibitiv hoch ansteigender Sanierungs- und Umwidmungskosten kann vermieden werden[47]. Zum Schutz vor prohibitiv hohen Umwidmungskosten ($\overline{OE}$) und zur Sicherung gegenüber den Risiken, die aus einer irreversiblen Gewässerqualitätsminderung[48] resultieren, können etwa Mindestgütenormen bzw. Nutzungsbeschränkungen in Höhe von $\overline{OC}$ sinnvoll sein. Sie müssen im Kern für die konkurrierenden Nutzungsinteressen Gütekriterien formulieren, die die Gewässerqualität soweit sichern, daß andere Nutzungen in der Gegenwart und Zukunft aufgrund prohibitiv hoher Umwidmungskosten nicht völlig ausgeschlossen werden.

- Ein recht hoher Polyvalenzgrad bietet mehr Sicherheit[49] gegenüber der Gefahr, daß im Zuge einer einseitigen Ressourcennutzung (etwa nur im Rahmen der Brauchwasserfunktion) das Gewässer irreversibel geschädigt wird. Die Wahrscheinlichkeit steigt, daß die Umwidmungskosten, die dann entstehen können, wenn die vorherrschende Gewässernutzung im Zeitablauf wechselt, nicht extrem ansteigen. (Vgl. Abb. 3)

- Ressourcenpolyvalenz sichert für die Zukunft mehrere Optionen für die Gewässernutzung. Sie bietet quasi eine Reihe von Versicherungsvorteilen.

- Wirtschaftlich wertvolle Gewässernutzungen, für die eine bestimmte Gewässerqualität nicht substituierbar ist, werden geschützt, wenn zum Interesse aller Gewässerfunktionen Qualitätsstandards existieren. Im Interesse der Wettbewerbsfreiheit sind Unternehmen, die eine bestimmte Gewässerqualität nicht substituieren können, durch Querschnittsindikatoren zu schützen[50]. (Vgl. Abb.1.)

Diese Vorteile sprechen gegen eine einseitige Spezialisierung in der Ressourcennutzung und damit auch gleichzeitig dagegen, den Qualitätsbegriff einseitig auf einige wenige Nutzungsinteressen zu beschränken. Deshalb kann hier ein nutzungsorientierter Gütebegriff die Qualität von Wasser, Boden und Luft auch mit deren Polyvalenzgrad, d.h. ihrer Fähigkeit, ein breites Spektrum konkurrierender Nutzungen zu erlauben, identifiziert werden.

3.4.2 Selektion von Beobachtungsmerkmalen

Werden für Querschnittsindikatoren Beobachtungsmerkmale ausgewählt, muß dem Tatbestand Rechnung getragen werden, daß mehrere Gewässernutzungen berücksichtigt werden müssen. Querschnittsgüteaussagen können sich aber nicht darauf beschränken, die geschilderten Trink- und Brauchwasser- sowie Öko- und Erholungsgüteindikatoren bzw. Beobachtungsmerkmale zusammenzufassen. Wenn wir etwa den Schadstoffhaushalt eines Gewässers betrachten, so scheint es wenig sinnvoll zu sein, die aus der Sicht der verschiedenen Nutzungsinteressen bekannten Schadstoffe als Beobachtungsmerkmale zu wählen. Vielmehr sind vorwiegend Schadstoffe,

- die die Option zugunsten einer polyvalenten Ressourcennutzung in Frage stellen,
- die eine nicht substituierbare Gewässergüte indizieren,

als Beobachtungsmerkmale im Rahmen eines querschnittsorientierten Ansatzes zu erfassen. Aus der Sicht der Trinkwasserversorgung bedeutet dies, daß jene Schadstoffe als Beobachtungsmerkmale dienen können, die im Rahmen von Wasseraufbereitung wirtschaftlich oder technisch nicht aus dem Rohwasser entfernt werden können. Gewässergütebeobachtung dient in diesem Fall dem Ziel, zu verhindern, daß die Trinkwasserversorgung von einer nicht substituierbaren Güteeigenschaft ausgeschlossen wird.

Welche Beobachtungsmerkmale es im einzelnen sind, die auf der Basis der oben skizzierten Kriterien zusammengefaßt werden müßten, kann weder von der Raumplanung noch von der Wirtschaftswissenschaft allein entschieden werden. Insofern möchte die weitere Erörterung von Mindestgütevorschriften lediglich Anregungen für Ergänzungen und Reformansätze liefern. Ein "endgültiger" Katalog von Mindestgüteanforderungen kann jedoch erst am Ende einer interdisziplinären Erörterung stehen. In ihrem Rahmen kann die Wirtschaftswissenschaft ökonomische Überlegungen zur Selektion von Beobachtungsmerkmalen liefern.

3.4.3 LAWA-Gütestufung

In der Bundesrepublik wird versucht, eine Querschnittsbewertung der Oberflächengewässer auf der Grundlage des Saprobienindex vorzunehmen. Die vom Raumordnungsbericht übernommenen Gewässergütekarten der LAWA basieren ebenfalls auf ihm[51]). Er zielt darauf ab, mit Hilfe biologischer Beobachtungsmerkmale und Summenparameter[52]) die Verschmutzung eines Gewässers zu dokumentieren[53]). Dabei werden die Lebensgemeinschaften von Mikroorganismen als Indikatoren genutzt[54]). Aufbauend auf dem Vorkommen bestimmter Fäulnisbakterien wird die "durchschnittliche Belastung des Gewässers mit fäulnisfähigen Stoffen"[55]) geschätzt. Sind diese Organismen zahlreich vertreten, kann auf eine entsprechend hohe organische Belastung der Gewässer geschlossen werden[56]), denn die organischen Stoffe sind Nahrungsbasis dieser Organismen.

In Abhängigkeit vom Verschmutzungs- und Belastungsgrad stellt sich demzufolge ein entsprechendes Artenspektrum von Mikroorganismen ein. Diese Mikroorganismengesellschaft baut organische Verschmutzungen ab[57]). Aus diesem Grund werden mit diesem Index summarisch Gewässerbelastungen dokumentiert, die unter Sauerstoffverbrauch abbaubar sind. Eine hohe Saprobienstufe, die unbelastete und nährstoffarme Gewässer auszeichnet, korrelliert deshalb mit einem hohen Sauerstoffgehalt und umgekehrt.

"Die Hauptkomponente der Verschmutzung unserer Fließgewässer ist in den meisten Fällen die Zufuhr von Abwässern mit organischen, unter Sauerstoffzehrung abbaubaren Inhaltsstoffen. Diese Art der Gewässerbelastung wird als Saprobität, ihr Abbau innerhalb des Gewässers als biologische Selbstreinigung bezeichnet. Die organische Verschmutzung bildet die Nahrungsgrundlage für die heterotrophen Destruenten (im wesentlichen Bakterien und Pilze). Durch deren Stoffwechseltätigkeit wird die organische Substanz stufenweise mineralisiert, d.h. in anorganische Stoffe umgewandelt. Diese sind die Nährstoffe der authotrophen Produzenten (grüne Pflanzen), die wiederum organische Substanz aufbauen und somit Lebensgrundlage sind für die Konsumenten in aufsteigender Nahrungskette (Weidegänger, Planktonfresser, Räuber). Hinzu kommen Bakterienfresser und Detritusfresser als Konsumenten, die charakteristisch sind für bestimmte Stufen der Belastung bzw. Selbstreinigung."[58])

Auf der Grundlage der Berechnung des Saprobienindex wird eine Güteglierung der Fließgewässer vorgenommen, die in Übersicht 2 zusammengestellt ist[59]). Es werden in Abhängigkeit von der Saprobietät oligasaprobe, β-mesaprobe, a-mesaprobe und polysaprobe Fließgewässer unterschieden. Diese qualitative Stufung geht auf Kolkwitz / Marsson (1902) zurück. Ihr weitgehend entsprechend hat Liebmann (1951) den vier Saprobienstufen wiederum vier Güteklassen zugeordnet. Auf der Basis dieser Arbeiten wird die Gewässergüteeinstufung von der Länderarbeitsgemeinschaft Wasser vorgenommen[60]).

Übersicht 2: Gütegliederung der Fließgewässer (Saprobienindex)[61]

Gütestufe	Organische Belastung	Saprobienstufe	Saprobienindex
I	gering	Oligosaprobie	1,0 - 1,5
II	mäßig	Betamesosaprobie	1,5 - 1,8
III	stark verschmutzt	Alphamesosaprobie	2,7 - 3,2
IV	übermäßig verschmutzt	Polysaprobie	3,5 - 4,0

Die Heranziehung biologischer Indikatoren zur Ermittlung der Gewässergüte kann allerdings einem Querschnittsanliegen bei der Beurteilung der Gewässergüte nicht völlig gerecht werden. Die Grenzen des Ansatzes liegen nämlich in seiner Konzentration auf organische Gewässerbelastungen. Insbesondere können die vom Saprobienindex erfaßten Artengemeinschaften und Biozönosen nicht ausreichend über die Schadstoffbelastung der Gewässer mit schwer abbaubaren organischen und anorganischen Stoffen, Radioaktivität etc. unterrichten. Für die ökologische Qualität und die Trinkwasserqualität, aber auch für die Beurteilung in Hinblick auf die Produktionsfunktion reicht eine Konzentration auf die leicht abbaubaren Stoffe demzufolge nicht aus. Weitere Kritikpunkte sind:

- Obwohl es sich beim Saprobienindex um einen Indikator handelt, der auf das biologische Reinigungsvermögen von Gewässern abstellt, darf nicht vergessen werden, daß er lediglich die Lebensraumqualität für jene Tier- und Pflanzenarten mißt, für die der Nährstoffhaushalt eine kritische Engpaßgröße darstellt[62]. Die ökologische Qualität eines Gewässers kann deshalb mit Hilfe des Saprobienindex, einem ausschließlich biologischen Indikator, nicht hinreichend angegeben werden. Um etwa dem ökologischen Anliegen Rechnung tragen zu können, scheint eine Gesamtanalyse der aquatischen Biozönose notwendig zu sein[63].

- Nicht allein die fehlende Erfassung und Bewertung der Gesamtbiozönose kann als Defizit des Saprobienansatzes betrachtet werden, auch die fehlende explizite Betrachtung der Schwermetallbelastung von Gewässern wird als Mangel empfunden. Dies beruht zum einen auf der Bedeutung der Schwermetalldeposition im Gewässer für die Erfüllung von Trinkwasseransprüchen, zum anderen aber noch mehr auf ihrer Bedeutung für die ökologische Gewässerqualität[64], denn Schwermetalldepositionen im Gewässer beeinträchtigen den aquatischen Lebensraum.

- Ähnliches gilt im übrigen auch für organische Chemikalien, die in Verbindung mit Ölprodukten, Lösungsmitteln sowie industriellen Abwässern in das Gewässer gelangen, d.h. etwa Kohlenwasserstoffe. So können sich insbesondere aromatische Kohlenwasserstoffe (Benzol, Benzin) auch toxisch auf die Mikroorganismen im Gewässer auswirken[65]. Ebenso reagieren Fische empfindlich auf organische Chemikalien. Die schwer abbaubaren Chemikalien und Gewässerschadstoffe können mit dem Instrumentarium des Saprobiensystems nicht mehr zutreffend indiziert werden.

- Auch wenn zwar zwischen dem Organismenbesatz auf der einen und der Regenerationsfähigkeit sowie Lebensraumqualität auf der anderen Seite ein auch inhaltlich nachvollziehbarer Zusammenhang herrscht, ist die biologische Gewässerqualität nicht geeignet, die Trinkwasserqualität eines Gewässers ausreichend zu beschreiben. Biologische Gütekriterien vernachlässigen hier zu sehr hygienisch-bakteriologische Aspekte, toxisch und kanzerogene Spurenelemente im Wasser sowie in ihm enthaltene schwer abbaubare Verbindungen.

3.4.4 Mindestgüteanforderungen in NRW

Im Zusammenhang mit der Erstellung von Richtlinien und bundeseinheitlichen Regeln zur Gewässerbewirtschaftung hat Nordrhein-Westfalen über den Saprobienindex hinausgehende Indikatoren fixiert. Übersicht 3 faßt sie zusammen:

Übersicht 3: Mindestgüteanforderungen für Fließgewässer[66]

Parameter	Mindestgüte
Temperatur	25 - 28 C^o
Sauerstoff mg/l	größer gleich 4
pH-Wert mg/l	6 - 9
Ammonium* mg/l	kleiner gleich 1
BSB-5 mg/l	kleiner gleich 7
CSB mg/l	kleiner gleich 20
Phosphor mg/l	kleiner gleich 0.4
Eisen mg/l	kleiner gleich 2
Zink	kleiner gleich 1
Kupfer mg/l	kleiner gleich 0.0005
Chrom mg/l	kleiner gleich 0.07
Nickel mg/l	kleiner gleich 0.05

Temperatur, Sauerstoffgehalt und BSB_5-Werte stellen die Belastung der Gewässer mit leicht abbaubaren organischen Belastungen in den Vordergrund. Es handelt sich hier um Stoffe, die innerhalb von zwei bis fünf Tagen biologisch abbaubar sind. Während der BSB-Wert sich auf die leicht abbaubaren Stoffe beschränkt, nimmt der chemische Sauerstoffbedarf die Verunreinigung mit leicht und schwer abbaubaren organischen Stoffen auf, weil er den Gesamtsauerstoffbedarf zur Selbstreinigung der Gewässer erfaßt. Persistente Stoffe, die unter Verzehrung von Sauerstoff abgebaut werden, können mit dem CSB-Wert erfaßt werden. Der CSB-Wert ist ein Summenparameter, dessen hoher Wert bei relativ stark verschmutzten Gewässern Anlaß gibt, im Einzelfall jene belastenden Stoffeinträge gesondert zu untersuchen, die dafür verantwortlich sind, daß der Summenparameter relativ schlecht ausfällt[67]. Die bei den Mindestgütekriterien aufgeführte Phosphorbelastung gibt Aufschluß über die Gewässereutrophierung. Hier handelt es sich jedoch um ein Kriterium, das inbesondere für stehende und langsam fließende Gewässer von Bedeutung ist.

Die ebenfalls registrierten Schwermetalle informieren über die Lebensbedingungen schwermetallempfindlicher Fische und Organismen im Gewässer[68]. Als Beobachtungsmerkmal tragen sie außerdem dem Umstand Rechnung, daß über das Trinkwasser dem Menschen zugeführte Schwermetalle einschneidende Gesundheitsschäden hervorrufen können[69].

Eine Beurteilung der Mindestgüteanforderung muß ihrem Querschnittscharakter Rechnung tragen. Es können weder alle denkbaren Nutzungsanliegen noch sämtliche Beobachtungsmerkmale erfaßt werden. Vielmehr kommt es darauf an, die für die Hauptfunktionen (Trinkwasser-, Öko-, Produktionsfunktion) benötigten (Engpaß-)Eigenschaften von Gewässern zu erfassen. Deshalb wäre an die naturwissenschaftlichen Disziplinen die Frage zu richten, ob der Katalog von Beobachtungsmerkmalen zur Mindestgüte ausreicht, um den Polyvalenzgrad ausreichend zu dokumentieren. Angesichts der jüngsten Bemühungen, ökologische Gewässerqualitäten zu quantifizieren, scheint zumindest in Hinblick auf dieses Anliegen noch ein Defizit vorzuliegen. So wird beispielsweise dem Artenspektrum, der Struktur des Uferrandstreifens und ähnlichen Eigenschaften keine oder kaum Beachtung geschenkt. Auch müßte daran gedacht werden, Nitrat, Quecksilber und einige Stoffe, die aus Sicht der Wasserversorgung nicht bei der Aufbereitung eliminiert werden können, aufzunehmen.

Interpretiert man die Mindestgütewerte als Grenzwerte einer Gewässereigenschaft, die nicht unterschritten werden dürfen, kann eine Stufung entwickelt werden[70], die über die binäre Klassifizierung "Mindestgüte erreicht bzw. nicht erreicht" hinausgeht:

- 1. Stufe : Fehlende Mindestgüte (Mindestgüteunterdeckung)
- 1.a-Stufe: Mindestgütedefizit = > 0 > v. H. und < 40 v. H.

- 1.b-Stufe: Mindestgütedefizit = > 40 > und < 100 v. H.
  1.c-Stufe: Mindestgütedefizit = <   100 v. H.

- 2. Stufe : Mindestgüte (= Erfüllung aller Kriterien)

- 3. Stufe : Mindestgüteüberschuß = > 0 > und < 40 v.H.
- 3.a-Stufe: Mindestgüteüberschuß = > 40 > und < 80 v. H. etc.

Ein Gewässer wird der Stufe 1 zugeordnet, wenn bereits eins der zwölf Kriterien nicht erreicht wird. Die Gütestufe 1 kann, ohne daß unerwünschte Kompensationseffekte auftreten, noch weiter differenziert werden. Dazu werden die prozentualen Gütedefizite summiert und ausgewiesen. Das Gütedefizit gibt an, um wieviel Prozent insgesamt die Einzelgrenzwerte überschritten werden. Die Gütestufe 2 wird realisiert, wenn sämtliche Grenzwerte der Mindestgüte exakt die Gewässerqualität beschreiben. Die übrigen übergeordneten Gruppen unterscheiden sich hiervon allein durch einen wachsenden Güteüberschuß. Letzterer gibt zunächst in Form einer dimensionslosen Zahl an, in welchem Umfang die einzelnen Mindestgütegrenzwerte wie Temperatur, Schadstoffgehalt etc. unterschritten werden. Folglich werden zuerst positive (prozentuale) Abweichungen von den Einzelkriterien errechnet, die anschließend summiert werden. Vom Gesamtüberschuß hängt die Eingruppierung in die oben skizzierten Klassen ab.

Die Beschränkung auf positive und negative Abweichungen bietet den Vorteil, daß Substitutionen zwischen ihnen ausgeschlossen werden. Eine über den Temperaturgrenzwert hinausgehende Aufwärmung des Gewässers (Mindestgüteunterdeckung) kann damit nicht etwa durch geringe Schwermetallbelastungen (Mindestgüteüberschuß) kompensiert werden.

Mindestgüteüberschüsse und Mindestgütedefizite können als Gesamtindikatoren interpretiert werden, die Qualitätsaussagen in Hinblick auf die Polyvalenz bzw. Mindestgüte für einzelne Medien formulieren. Die fehlende Saldierung von Güteüber- und -unterdeckung hinsichtlich der Einzelindikatoren entspricht der Intention einer Mindestgütebeurteilung. Diese will Eigenschaften angeben, welche mindestens und unbedingt erfüllt sein müssen, damit das Gewässer für die verschiedenen Nutzungen tauglich ist und einen gewünschten Polyvalenzgrad behält.

3.5 Regionalisierte Güteindikatoren

Güteanforderungen beziehen sich meist auf das gesamte Fließgewässer, weil sich die Schadstoffe innerhalb des gesamten Gewässerkörpers mehr oder weniger verteilen. Die an einem Punkt eingeleiteten Stoffe breiten sich in Richtung des hydrologischen Gefälles aus und vermischen sich mit anderen Einleitungen in der Nachbarschaft des jeweiligen Emissionsortes. In Abhängigkeit vom Besatz und der räumlichen Verteilung der Emittenten entlang der Flußstrecke können abgrenzbare Verschmutzungsregionen gebildet werden, die sich durch ausgeprägte Emissions-Immissions-Verflechtungen auszeichnen[71]. Sie schlagen sich in den Gütebewertungen von Flußabschnitten innerhalb eines Flußsystems nieder[72]. Die "Verschmutzungsregionen" hängen damit in ihrer Gestalt und Größe sowohl von der räumlichen Verteilung der Emittenten als auch vom Gewässerfluß und dessen Geschwindigkeit ab.

Von "Verschmutzungsregionen", die sich innerhalb des Gewässerkörpers bilden, sind Verwaltungsregionen der Wasserwirtschaftsbehörden zu unterscheiden. Die Verwaltungsregion nimmt oft nur Ausschnitte eines Flußsystems auf, wenn die Gewässerstrecke zwischen Quelle und Mündung mehrere Verwaltungsregionen durchquert. Die "Verschmutzungsregionen", die innerhalb eines Gewässersystems auf der Basis der Bestimmung von Emissions-Immissions-Verflechtungen abgegrenzt werden, sind deshalb auch nicht deckungsgleich mit den Verwaltungsregionen. Verwaltungsregionen können somit den beschriebenen Emissions-Immissionsverflechtungen nicht gerecht werden[73]. Wenn trotzdem Gewässergüteaussagen auf Verwaltungsregionen bezogen und deren Gewässerqualität untereinander verglichen werden soll, scheint es sinnvoll zu sein, Gewässergüteaussagen auf die Gewässerfläche von Regionen zu beziehen. Dieser Weg bietet den Vorteil, daß das räumliche Bezugsraster bereits die regionale Bedeutung der Ressource quantitativ zum Ausdruck bringt[74].

Regionale Güteaussagen könnten zum einen auf die Gewässerflächen einer Region bezogen werden. Vor dem Hintergrund der Mindestgütebeurteilung können Anteilswerte gebildet werden, bei denen jeweils die

- Mindestgütedefizitfläche (Stufe 1a, b...),
- Mindestgütegewässerfläche der Stufe 2,
- Mindestgüteüberschußfläche 3a, b, ...

in Beziehung zur Gesamtwasserfläche der Region gesetzt werden. Über einen Vergleich der Quoten zwischen den Regionen können anschließend Teilräume in Hinblick auf ihre Mindestgewässergüte gereiht werden. Analog kann für die speziellen Gütebewertungen vorgegangen werden, indem der Anteil der Gewässerflächen mit hoher (geringer) Trinkwasser-, Brauchwasser- oder Lebensraumqualität an der Gesamtgewässerfläche ausgewiesen wird.

Wird die Gewässerfläche als Bezugsgröße gewählt, kann auf ihrer Basis nur ungenau auf das Volumen der betroffenen Wasservorräte bzw. -mengen geschlossen werden. Der regional ausgerichtete Vergleich würde an Aussagekraft gewinnen, wenn Güteaussagen auf die jährlichen Wassermengen einer Region bezogen würden. Darauf aufbauend könnten die jeweiligen Mengenanteile mit

- Mindestgütequalitätdefiziten,
- Mindestgütequalität und
- Mindestgüteüberschüssen

verglichen werden.

4. Zusammenfassung

Die vorangegangene Darstellung sollte zeigen, daß die Ableitung von Gewässergüteindikatoren vor dem Hintergrund der Bestimmung von Gewässerfunktionen auf ein nachprüfbares und für Kritik offenes Fundament gestellt werden kann. Es hilft, die ad hoc-Kriterien des Beirats für Raumordnung zu überwinden. Wenn querschnittsorientierte Mindestgüteindikatoren im Rahmen der Regionalplanung zum Zuge kommen sollen, muß die Zusammenstellung von Zustandsmerkmalen überprüft werden. Ziel der Prüfung müßte es sein, jene Zustandsmerkmale zusammenzustellen, deren Ausprägung darüber entscheidet, ob die Ressource Wasser noch für Trink- und Brauchwasser- sowie für Lebensraumfunktionen genutzt werden kann. Auf der Basis querschnittsorientierter Mindestgütekriterien können Gewässergüteindikatoren gebildet werden, die den Grad der Über- oder Unterdeckkung der Mindestnormen angeben. Im Rahmen interregionaler Vergleiche können die Gewässerflächen mit unterschiedlicher Gewässerqualität auf die Gesamtgewässerfläche der Region bezogen werden.

Literatur

Arrow, K. / Fisher, A. C.: Naturerhaltung, Unsicherheit und Irreversibilität, in: Umweltökonomik, hrsg. v. R. Osterkamp et al., Meisenheim 1982, S. 184-191.

Beirat für Raumordnung: Empfehlungen vom 16. Juni 1976, Bonn 1976. Hier zitiert nach THOSS, R.: Zur Integration ökologischer Gesichtspunkte in die Raumordnungspolitik, in: Handbuch für Planung, Gestaltung und Schutz der Umwelt, Bd. 3, Die Bewertung und Planung der Umwelt, hrsg. v. K. Buchwald, W. Engelhardt, München 1980, S. 174-182.

Benkert, W.: Die raumwirtschaftliche Dimension der Umweltnutzung, Berlin 1982.

Bernhardt, H.: Nutzungsbezogene Gewässerzustandsbeschreibung für die Trinkwassergewinnung, in: Gewässergüte und Bewirtschaftungsplanung, Symposium am 4. und 5. September 1984 in Aachen, (= Gewässerschutz, Wasser, Abwasser, Bd. 73, hrsg. v. B. Böhnke), Aachen 1985, S. 109-135.

Bick, H.: Abwasser und Gewässerverschmutzung, in: Angewandte Ökologie, Mensch und Umwelt, Bd. 1, hrsg. v. H. Bick, K. H. Hansmeyer, G. Olschowy, P. Schmock, Stuttgart/New York 1984, S. 165-195.

Bick, H.: Trinkwasser, in: Angewandte Ökologie, Mensch und Umwelt, Bd. 1, hrsg. v. H. Bick, K.H. Hansmeyer, G. Olschowy, P. Schmock, Stuttgart/New York 1984, S. 226-262.

Borries, F. W.: Zur Konstruktion von Umweltindizes, in: Allgemeines Statistisches Archiv, Heft 1, 1979, S. 41-64.

Braedt, J.: Indikatoren, in: Daten zur Raumplanung, Teil A, hrsg. v. der Akademie für Raumforschung und Landesplanung, Hannover 1981, Abschnitt A V.2.2 (2).

Breuer, R.: Öffentliches und privates Wasserrecht (= Schriftenreihe der Neuen Juristischen Wochenzeitschrift, hrsg. v. F. Busse, K. Redeker), München 1976.

Brösse, U.: Ausgeglichene Funktionsräume und funktionsräumliche Arbeitsteilung durch Vorranggebiete als alternative Konzepte für Regionalpolitik, in: Zeitschrift für Umweltpolitik und Umweltrecht, 2. Jg. 1978, S. 13-27.

Brösse, U.: Raumordnungspolitik, 2. Aufl., Berlin - New York 1982.

Bundesminister für Raumordnung und Städtebau (Hrsg.): Raumordnungsbericht 1986, Bonn 1986.

Cichorowski, G.: Regionale Differenzierung in der Gewässergütewirtschaft (= Schriftenreihe des Instituts für Wasserversorgung, Abwasserbeseitigung und Raumplanung an der TH Darmstadt), Darmstadt 1982.

Coase, R.: The Problem of Social Cost, in: Economics of the Environment, Selected Readings, hrsg. v. R. Dorfman, N. Dorfman, New York 1977, 2. Aufl., S. 142-171.

Csicsaky, M. / Krämer, U.: Gesundheitsrisiken durch Luftschadstoffe, in: WSI Mitteilungen. 38. Jg. 1985, Heft 12, S. 738-746.

Der Rat von Sachverständigen für Umweltfragen: Umweltprobleme der Landwirtschaft, Sondergutachten März 1985, Stuttgart, Mainz 1985.

Deutscher Verband für Wasserwirtschaft und Kulturbau e.V.: Beiträge zur Gewässerbeschaffenheit (= Schriftenreihe des Deutschen Verbandes für Wasserwirtschaft und Kulturbau e. V., Heft 45), Hamburg, Berlin 1981.

Dierkes, M.: Gesellschaftsbezogene Berichterstattung. Was lehren uns die Experimente der letzten 10 Jahre? (= Wissenschaftszentrum Berlin, papers 84-5), Berlin 1984.

Dinkloh, L.: Grenzwerte in der Praxis der Wassergütewirtschaft, in: Wasserfachliche Aussprachetagung, Hannover 1978, S. 63-85.

Doetsch, P. / Pöppinghaus, K.: Gewässergüte - Möglichkeiten der Quantifizierung, in: Gewässerschutz und Abwasserreinigung als komplexe Aufgabe - Was ist möglich und was ist machbar? -, (= Gewässerschutz, Wasser, Abwasser, Bd. 69, hrsg. v. B. Böhnke), Aachen 1985, S. 271-331.

Drenowski, J.: On Measuring and Planning the Quality of Life (= Publications of the Institute of Social Studies; Vol. 11), Paris 1974.

DVGW-Arbeitsblatt 151, Eignung von Oberflächenwasser als Rohstoff für die Trinkwasserversorgung, Frankfurt 1975.

Eheart, W. / Lyon, E.: Alternative Structures for Water Rights Markets, in: Water Resources Research, Vol. 19, 1983, S. 887-894.

Fellenberg, G.: Umweltforschung, Berlin, Heidelberg u. New York 1977.

Flascha, G.: Indikatoren und Indizes der Umwelt, (Diss.), Marburg 1980.

Förstner, U. / Müller, G.: Schwermetalle in Flüssen und Seen als Ausdruck der Umweltverschmutzung, Berlin u.a.O. 1974.

Fürst, D. / Klemmer, P. / Zimmermann, K.: Regionale Wirtschaftspolitik, Tübingen u. Düsseldorf 1976.

Gatzweiler, H. P.: Die Ermittlung der Gleichwertigkeit regionaler Lebensbedingungen mit Hilfe von Indikatoren, in: Gleichwertige Lebensbedingungen durch eine Raumordnungspolitik des mittleren Weges. Indikatoren, Potentiale, Instrumente (= Veröffentlichungen der Akademie für Raumforschung und Landesplanung, Forschungs- und Sitzungsberichte, Bd. 140), Hannover 1983, S. 25-72.

Gehrmann, F.: Sozialindikatoren - Ein Lehrbeispiel für Umweltindikatoren, (= Internationales Institut für Umwelt und Gesellschaft des Wissenschaftszentrums Berlin), Berlin 1982.

Gimbel, R. / Sontheimer, H.: Die IAWR-Methode zur Darstellung der Gewässergüte aus der Sicht der Trinkwasserversorgung, in: Gewässergüte und Bewirtschaftungsplanung, Symposium am 4. und 5. September 1984 in Aachen (= Gewässerschutz, Wasser, Abwasser, Bd. 73, hrsg. v. B. Böhnke), Aachen 1985, S. 313-335.

Hampicke, U.: Naturschutz als ökonomisches Problem, in: Zeitschrift für Umweltpolitik und Umweltrecht, 10. Jg. 1987, Heft 1, S. 157-195.

Hanusch, H.: Kosten-Nutzen-Analyse, München 1987.

Hölting, B.: Hydrogeologie. Einführung in die Allgemeine und Angewandte Hydrogeologie, 2. Aufl., Stuttgart 1984.

Jacobitz, K. H. et al.: Vorranggebiete für die Wassergewinnung als Instrumente der Regional- und Landesplanung (Beiträge der Akademie für Raumforschung und Landesplanung, Bd. 81), Hannover 1984.

Karl, H.: Altlastensanierung - Ansätze zur Deckung des Finanzbedarfs (= Ruhr-Forschungsinstitut für Innovations- und Strukturpolitik, Heft 1/1987), Bochum 1987.

Karl, H.: Exklusive Nutzungs- und Verfügungsrechte an Umweltgütern als Instrument für eine umweltschonende Landwirtschaft - Eine Darstellung unter besonderer Berücksichtigung des Grundwasserschutzes (= Beiträge zur Struktur- und Konjunkturforschung, Bd. 25, hrsg. v. P. Klemmer), Bochum 1986.

Karl, H.: Ökonomie öffentlicher Risiken in Marktwirtschaften, in: Wirtschaftswissenschaftliches Studium, 16. Jg. 1987, Heft 5, S. 217-223.

Karl, H.: Property Rights als Instrument für eine umwelt- und grundwasserschonende Landwirtschaft, in: Zeitschrift für Umweltpolitik und Umweltrecht, 10. Jg. 1987, Heft 1, S. 23-42.

Kaule, G.: Arten- und Biotopschutz, Stuttgart 1986.

Klein, R. / Peithmann, O.: Umweltindikatoren in der Regional- und Landesplanung am Beispiel der Freizeit- und Fremdenverkehrsplanung, in: Umweltindikatoren als Planungsinstrumente, hrsg. v. Institut für Umweltschutz der Universität Dortmund (= Beiträge zur Umweltgestaltung, Bd. 11), Berlin 1979, S. 52-67.

Klemmer, P.: Institutionelle Hemmnisse und wirtschaftlicher Niedergang altindustrieller Regionen, in: Determinanten der räumlichen Entwicklung, hrsg. v. H. J. Müller, Schriften des Vereins für Socialpolitik, N. F., Bd. 131, Berlin 1983, S. 75-91.

Klemmer, P.: Ökonomie und Ökologie, Bochum 1988, erscheint in Kürze.

Klemmer, P.: Räumliche Auswirkungen der Umweltschutzpolitik, in: Umweltvorsorge durch Raumordnung. Referate und Diskussionsberichte anläßlich der Wissenschaftlichen Plenarsitzung 1983 in Wiesbaden (= Forschungs- und Sitzungsberichte der Akademie für Raumforschung und Landesplanung, Bd. 158, S. 21-33, Hannover 1984.

Klemmer, P.: Umweltinformationen aus dem Wirtschafts- und Sozialbereich, in: Statistische Umweltberichterstattung. Ergebnisse des 2. Wiesbadener Gesprächs am 12./13.11.1986 (= Schriftenreihe Forum der Bundesstatistik, Bd. 7, hrsg. v. Statistischen Bundesamt), Stuttgart/Mainz 1987, S. 79-91.

Klemmer, P.: Umweltpolitik als Bestandteil der Raumordnungspolitik, in: Der Bürger im Staat, 31. Jg. 1981, S. 218-229.

Knöpp, H.: Bisherige Zustandsbeschreibung der Oberflächengewässer nach biologischen und chemischen Kriterien, in: Gewässergüte und Bewirtschaftungsplanung, Symposium am 4. und 5. September 1984 in Aachen (= Gewässerschutz, Wasser, Abwasser, Bd. 73, hrsg. v. B. Böhnke), Aachen 1985, S. 9-28.

Kobus, H.: Strömungsmechanische Grundlagen des Transports der Halogenkohlenwasserstoffe im Grundwasserleiter - Maßnahmen zur Erfassung des verunreinigten Wassers, in: Halogenkohlenwasserstoffe in Grundwässern, Kolloquium des DVGW-Fachausschusses "Oberflächenwasser" am 21.10.1981 in Karlsruhe (= DVGW-Schriftenreihe Wasser, Nr. 29), Frankfurt 1981, S. 91-104.

Koch, E. R. / Vahrenholt, F.: Die Lage der Nation. Umweltatlas der Bundesrepublik. Daten, Analysen, Konsequenzen, Hamburg 1983.

Köster, A.: Zur Quantifizierung ökologischer Leistungen des ländlichen Raumes (= Regionalpolitik und Umweltschutz im ländlichen Raum, Bericht Nr. 22), Gießen 1986.

Kraus, H.: Anforderungen an die Trinkwasserqualität in nationalen und internationalen Vorschriften, in: Wasserfachliche Aussprachetagung, Hannover 1978, Wassergüte - Anforderungen, Kontrolle und Sicherung im Wasserwerksbetrieb, hrsg. v. Deutscher Verein des Gas- und Wasserfaches (= Schriftenreihe Wasser, Bd. 15), Frankfurt 1978, S. 51-62.

Kroesch, V.: Indikatoren zur laufenden Raumbeobachtung im kleinen Maßstab, in: Umweltindikatoren als Planungsinstrumente, hrsg. v. Institut für Umweltschutz der Universität Dortmund (= Beiträge zur Umweltgestaltung, Bd. 11), Berlin 1979, S. 41-53.

Krupp, H. J. / Zapf, W.: Indikatoren, in: Handwörterbuch der Wirtschaftswissenschaft, Bd. 4, Stuttgart 1978, S. 119-133.

Landesamt für Wasser und Abfall Nordrhein-Westfalen: Richtlinie für die Ermittlung der Gewässergüteklasse - Fließgewässer -, Wasserwirtschaft Nordrhein-Westfalen, Düsseldorf 1982.

Landesanstalt für Ökologie (LÖLF) / Landesamt für Wasser und Abfall (LWA): Bewertung des ökologischen Zustands von Fließgewässern, Teil I, Bewertungsverfahren, Teil II, Grundlagen für das Bewertungsverfahren, Essen 1985.

Lederer, K.: Aufrechnung von Umweltqualität? Ansätze zur Erfassung von Umweltbelastungen (= Papers aus dem internationalen Institut für Umwelt und Gesellschaft des Wissenschaftszentrums Berlin, 82/4), Berlin 1982.

Leipert, Ch.: Gesellschaftliche Berichterstattung. Eine Einführung in Theorie und Praxis sozialer Indikatoren, Berlin, Heidelberg u. New York 1978.

Ludwig, K. / Scholze, H. J.: Maßnahmen zur verstärkten Berücksichtigung der Ökologie im Wasserbau, in: Wasserwirtschaft und Wassertechnik, 26. Jg., 1976, Heft 6, S. 212-215.

Minister für Landes- und Stadtentwicklung des Landes Nordrhein-Westfalen (Hrsg.), Freiraumbericht, Düsseldorf - Neuss 1984.

Moll, W.: Taschenbuch für Umweltschutz, Bd. I, Chemische und technologische Informationen, 2. Auflage, Darmstadt 1978.

Obermann, P.: Hydromechanische/hydrochemische Untersuchungen zum Stoffgehalt von Grundwasser bei landwirtschaftlicher Nutzung, in: Besondere Mitteilungen zum Deutschen Gewässerkundlichen Jahrbuch, Nr. 42, hrsg. v. Ministerium für Ernährung, Landwirtschaft und Forsten des Landes Nordrhein-Westfalen, Düsseldorf 1981.

Odzuck, W.: Umweltbelastungen, Stuttgart 1982.

Ortner, G.: Nutzungsbezogene Gewässerzustandsbeschreibung für die energiewirtschaftliche Nutzung, in: Gewässergüte und Bewirtschaftungsplanung,

Symposium am 4. und 5. September 1984 in Aachen (= Gewässerschutz, Wasser, Abwasser, Bd. 73, hrsg. v. B. Böhnke), Aachen 1985, S. 149-177.

Pflug, W.: Die nutzungsbezogene Gewässerzustandsbeschreibung aus der Sicht von Ökologie, Naturschutz und Landschaftspflege, in: Gewässergüte und Bewirtschaftungsplanung, Symposium am 4. und 5. September 1984 in Aachen (= Gewässerschutz, Wasser, Abwasser, Bd. 73, hrsg. v. B. Böhnke), Aachen 1985, S. 95-107.

Plogmann, J.: Zur Konkretisierung der Raumordnungsziele durch gesellschaftliche Indikatoren. Ein Diskussionsbeitrag zu der Empfehlung des Beirats für Raumordnung vom 16. Juni 1976 (= Beiträge zum Siedlungs- und Wohnungswesen und zur Raumplanung, Bd. 44), Münster 1977.

Prittwitz, V. / Haushalter, P.: Luftqualitäts-Index und Öffentlichkeit. Zur allgemeinen Information über die aktuelle Schadstoffbelastung der Atemluft, in: Zeitschrift für Umweltpolitik und Umweltrecht, 8. Jg. 1985, Heft 4, S. 326-346.

Prittwitz, V.: Smogalarm. Fünf Funktionen der unmittelbaren Gefahrenabwehr im Umweltschutz, in: Aus Politik und Zeitgeschichte. B 20/1985, S. 31-45.

Richter, W. / Lillich, W.: Abriß der Hydrogeologie, Stuttgart 1975.

Richtlinie des Rates der Europäischen Gemeinschaft über die Qualität von Wasser für den menschlichen Gebrauch vom 15.7.1980, in: Amtsblatt der Europäischen Gemeinschaften, Nr. 299/11, vom 30. 8. 1980.

Rothe, J. CH.: Weitergehende Anforderungen - welche Anforderungen sind wo und warum zu stellen? in: Gewässerschutz und Abwasserreinigung als komplexe Aufgabe - Was ist möglich und was ist machbar? - (= Gewässerschutz, Wasser, Abwasser, Bd. 69, hrsg. v. B. Böhnke), Aachen 1985, S. 271-331, S. 39-53.

Rudolf, W: Methodische Ansätze zur Konstruktion sozialer Indikatoren, in: Soziale Indikatoren, Konzepte und Forschungsansätze, Bd. II, hrsg. v. W. Zapf, Frankfurt/M. u. New York 1975, S. 192-215.

Selenka, F.: Gesundheitliche Bedeutung des Nitrats, in: Nitrat - ein Problem für unsere Trinkwasserversorgung?, hrsg v. Deutsche Landwirtschaftsgesellschaft, Frankfurt am Main 1984, S. 7-25.

Siebert, H.: Economics of the Environment, sec. Ed., Berlin/Heidelberg 1987.

Sieckmann, V.: Notwendigkeit und Anforderungen einer Zustandsbeschreibung der Gewässer aus der Sicht Nordrhein-Westfalens, in: Gewässergüte und Bewirtschaftungsplanung, Symposium am 4. und 5. September 1984 in Aachen (= Gewässerschutz, Wasser, Abwasser, Bd. 73, hrsg. v. B. Böhnke), Aachen 1985, S. 83-93.

Thoss, R. / Michels, W.: Räumliche Unterschiede der Lebensbedingungen in Nordrhein-Westfalen, gemessen anhand von Indikatoren des Beirats für Raumordnung, in: Funktionsräumliche Arbeitsteilung und ausgeglichene Funktionsräume in Nordrhein-Westfalen (= Veröffentlichungen der Akademie für Raumforschung und Landesplanung: Forschungs- und Sitzungsberichte; Bd. 163), Hannover 1985, S. 73-98.

Umweltbundesamt: Daten zur Umwelt 1986/87, Berlin 1986.

Verordnung über Trinkwasser und über Brauchwasser für Lebensmittelbetriebe (Trinkwasserverordnung) vom 31.1.1975.

Wegehenkel, L.: Marktsystem und exklusive Verfügungsrechte an Umwelt, in: Marktwirtschaft und Umwelt, hrsg. v. L. Wegehenkel (= Wirtschaftswissenschaftliche und wirtschaftsrechtliche Untersuchungen, Bd. 17, Walter Eucken Institut, Freiburg i. Breisgau), Tübingen 1981, S. 237-270.

Wicke, L.: Der ökonomische Wert der Umwelt, in: Zeitschrift für Umweltpolitik und Umweltrecht, 10. Jg. 1987, Heft 2, S. 109-155.

Woerner, D.: Kühlregie und Wärmereglement für thermische Kraftwerke - Möglichkeiten - Grenzen - Überwachung, in: Lebenselement Wasser. Konsequenzen für Politik, Verwaltung und Technik, 14. Essener Tagung vom 18.3.-20.3.1981 in Essen (= Gewässerschutz, Wasser, Abwasser, Bd. 50, hrsg. v. B. Böhnke), Aachen 1982, S. 193-203.

Zapf, W. (Hrsg.): Soziale Indikatoren. Konzepte und Forschungsansätze II, Frankfurt/M. u. New York 1974.

Zapf, W. (Hrsg.): Soziale Indikatoren. Konzepte und Forschungsansätze III, Frankfurt/M. u. New York 1975.

Zapf, W. (Hrsg.): Soziale Indikatoren. Konzepte und Forschungsansätze I, Frankfurt/M. u. New York 1974.

Anmerkungen

*) Die Autoren danken Herrn Prof. Dr. Brösse und den Mitgliedern der Landesarbeitsgemeinschaft Nordrhein-Westfalen der Akademie für Raumforschung und Landesplanung für zahlreiche Hinweise und Verbesserungsvorschläge.

1) Vgl. Beirat für Raumordnung: Empfehlungen vom 16. Juni 1976, Bonn 1976. Hier zitiert nach Thoss, R.: Zur Integration ökologischer Gesichtspunkte in die Raumordnungspolitik, in: Handbuch für Planung, Gestaltung und Schutz der Umwelt, Bd. 3, Die Bewertung und Planung der Umwelt, hrsg. v. K. Buchwald, W. Engelhardt, München 1980, S. 174-182, hier S. 180.

2) Mit den Vorschlägen des Beirats für Raumordnung setzt sich auch Plogmann auseinander. Vgl. Plogmann, J.: Zur Konkretisierung der Raumordnungsziele durch gesellschaftliche Indikatoren. Ein Diskussionsbeitrag zu der Empfehlung des Beirats für Raumordnung vom 16. Juni 1976 (= Beiträge zum Siedlungs- und Wohnungswesen und zur Raumplanung; Bd. 44), Münster 1977, S. 16 ff.

3) Zu den Anforderungen an Indikatoren siehe auch Gehrmann, F.: Sozialindikatoren - Ein Lehrbeispiel für Umweltindikatoren (= Papers aus dem Internationalen Institut für Umwelt und Gesellschaft des Wissenschaftszentrums Berlin, dP 82-10, Berlin 1982, S. 2 f.

4) Zu den bisherigen Versuchen, die Umweltkomponenten in die räumliche Berichterstattung aufzunehmen, vgl. Gatzweiler, H. P. / Schmallenbach, J.: Aktuelle Situation und Tendenzen der räumlichen Entwicklung im Bundesgebiet,

in: Informationen zur Raumentwicklung, Heft 112, 1981, S. 751-788. - Bundesminister für Raumordnung, Bauwesen und Städtebau (Hrsg.): Indikatoren zur Raum- und Siedlungsstruktur im bundesweiten Vergleich (Indikatorenkatalog). Ergebnisse der Beratungen im Rahmen der Ministerkonferenz für Raumordnung 1975/1983 mit Berechnungen der Bundesforschungsanstalt für Landeskunde und Raumordnung, Bonn 1983, S. 139ff. - Institut für Landes- und Stadtentwicklungsforschung des Landes Nordrhein-Westfalen: Überprüfung der Sockelgleichwertigkeit in den Oberbereichen Nordrhein-Westfalens mit Hilfe der Indikatoren des Beirats für Raumordnung, Bearbeitung im Aufgabenbereich III, noch unveröffentlichtes Manuskript, Dortmund (April) 1983. - Klein, R. / Peithmann, O.: Umweltindikatoren in der Regional- und Landesplanung am Beispiel der Freizeit- und Fremdenverkehrsplanung, in: Umweltindikatoren als Planungsinstrumente, a.a.O., S. 52-67. - Koch, E. R. / Vahrenholt, F.: Die Lage der Nation. Umweltatlas der Bundesrepublik. Daten, Analysen, Konsequenzen, Hamburg 1983. - Kroesch, V.: Indikatoren zur laufenden Raumbeobachtung des Bereichs Umwelt im kleinen Maßstab, in: Umweltindikatoren als Planungsinstrumente, a.a.O., S. 41 ff. - Thoss, R. / Michels, W.: Räumliche Unterschiede der Lebensbedingungen in Nordrhein-Westfalen, gemessen anhand von Indikatoren des Beirats für Raumordnung, in: Funktionsräumliche Arbeitsteilung und ausgeglichene Funktionsräume in Nordrhein-Westfalen (= Veröffentlichungen der Akademie für Raumforschung und Landesplanung: Forschungs- und Sitzungsberichte; Bd. 163), Hannover 1985, S. 73-98.

5) Vgl. Dierkes, M.: Gesellschaftsbezogene Berichterstattung. Was lehren uns die Experimente der letzten 10 Jahre? (= Wissenschaftszentrum Berlin; papers 84-5), Berlin 1984. - Drenowski, J.: On Measuring and Planning the Quality of Life (= Publications of the Institute of Social Studies; Vol. 11), Paris 1974. - Leipert, Ch.: Gesellschaftliche Berichterstattung. Eine Einführung in Theorie und Praxis sozialer Indikatoren, Berlin, Heidelberg u. New York 1978. - Zapf, W. (Hrsg.): Soziale Indikatoren. Konzepte und Forschungsansätze I, Frankfurt/M. u. New York 1974. - Zapf, W. (Hrsg.): Soziale Indikatoren. Konzepte und Forschungsansätze II, Frankfurt/M. u. New York 1974. - Zapf, W. (Hrsg.): Soziale Indikatoren. Konzepte und Forschungsansätze III, Frankfurt/M. u. New York 1975. - Gehrmann, F., a. a. O., S. 83 ff.

6) Vgl. Krupp, H. J. / Zapf, W.: Indikatoren, in: Handwörterbuch der Wirtschaftswissenschaft, Bd. 4, Stuttgart 1978, S. 119-133.

7) Vgl. Hülsmann, W. / Rosenfeld, B.: Umweltinformationsinstrument für die Landesplanung Nordrhein-Westfalen, hrsg. v. Institut für Landes- und Stadtentwicklungsforschung, 1/82, Dortmund 1982, S. 30.

8) Vgl. zur Notwendigkeit nutzungs- und funktionsbezogener Aussagen Der Rat von Sachverständigen für Umweltfragen: Umweltprobleme der Landwirtschaft, Sondergutachten März 1985, Stuttgart/Mainz 1985, Ziff. 665 ff. - Klemmer, P.: Umweltinformationen aus dem Wirtschafts- und Sozialbereich, a.a.O. - Pietsch, J. unter Mitarbeit von F.J. Wallmeyer: Bewertungssystem für Umwelteinflüsse. Nutzungs- und wirkungsorientierte Belastungsermittlungen auf ökologischer Grundlage, Köln u.a. 1983.

9) Vgl. Klemmer, P.: Umweltinformationen aus dem Wirtschafts- und Sozialbereich, in: Statistische Umweltberichterstattung. Ergebnisse des 2. Wiesbadener Gesprächs am 12./13.11.1986 (= Schriftenreihe Forum der Bundesstatistik, Bd. 7, hrsg. v. Statistischen Bundesamt), Stuttgart/Mainz 1987, S. 79-91.

10) Siehe auch Hülsmann, W. / Rosenfeld, B., a. a. O., S. 49 f.

11) Vgl. Zangenmeister, C.: Nutzwertanalyse in der Systemtechnik. Eine Methodik zur multidimensionalen Bewertung und Auswahl von Projektalternativen, München 1971. - Hanusch, H.: Nutzen-Kosten-Analyse, München 1987, S. 167.

12) Vgl. Rudolf, W: Methodische Ansätze zur Konstruktion sozialer Indikatoren, in: Soziale Indikatoren, Konzepte und Forschungsansätze, Bd. II, a.a.O., S. 192-215. - Borries, F. W.v.: Zur Konstruktion von Umweltindizes, in: Allgemeines Statistisches Archiv, Heft 1, 1975, S. 41-64. - Gehrmann, F.: Sozialindikatoren - Ein Lehrbeispiel für Umweltindikatoren (= Internationales Institut für Umwelt und Gesellschaft des Wissenschaftszentrums Berlin), Berlin 1982, S. 3 f.

13) Siehe etwa Ruchay, D.: Gewässergüte - Gewässerzustand, von der Beschreibung zur Beurteilung, in: Gewässerschutz und Abwasserreinigung als komplexe Aufgabe - Was ist möglich und was ist machbar? - (= Gewässerschutz, Wasser, Abwasser, Bd. 69, hrsg. v. B. Böhnke), Aachen 1985, S. 271-331, hier S. 291.

14) Doetsch, P. / Pöppinghaus, K.: Gewässergüte - Möglichkeiten der Quantifizierung, in: Gewässerschutz und Abwasserreinigung als komplexe Analyse, a.a.O., S. 285-331, hier S. 291.

15) Siehe dazu auch Brösse, U.: Ausgeglichene Funktionsräume und funktionsräumliche Arbeitsteilung durch Vorranggebiete als alternative Konzepte für Regionalpolitik, in: Zeitschrift für Umweltpolitik und Umweltrecht, 2. Jg. 1978, S. 13-27.

16) Siehe dazu Bick, H.: Ökologie der Gewässer, in: Angewandte Ökologie, Mensch und Umwelt, Bd. 1, hrsg. v. H. Bick, K. H. Hansmeyer, G. Olschowy, P. Schmock, Stuttgart/New York 1984, S. 165-195, hier S. 169. - Pflug, W.: Die nutzungsbezogene Gewässerzustandsbeschreibung aus der Sicht von Ökologie, Naturschutz und Landschaftspflege, in: Gewässergüte und Bewirtschaftungsplanung, Symposium am 4. und 5. September 1984 in Aachen, (= Gewässerschutz, Wasser, Abwasser, Bd. 73, hrsg.v. B. Böhnke), Aachen 1985, S. 95-107.

17) Vgl. Ortner, G.: Nutzungsbezogene Gewässerzustandsbeschreibung für die energiewirtschaftliche Nutzung, in: Gewässergüte und Bewirtschaftungsplanung, Symposium am 4. und 5. September 1984 in Aachen (= Gewässerschutz, Wasser, Abwasser, Bd. 73, hrsg. v. B. Böhnke), Aachen 1985, S. 149-177.

18) Vgl. Ruchay, D., a.a.O., S. 291.

19) Siehe etwa die hierarchische Ordnung von gewässerzustandsbeschreibenden Merkmalen bei Doetsch, P. / Pöppinghaus, K., a.a.O., S. 299.

20) Vgl. Ortner, G., a.a.O., S. 149 f. - Bick, H.: Abwasser und Gewässerverschmutzung, in: Angewandte Ökologie, Bd. 1, a.a.O., S. 195-262, hier S. 203. - Odzuck, W.: Umweltbelastungen, Stuttgart 1982, S. 204 f. - Knöpp, H.: Bisherige Zustandsbeschreibung der Oberflächengewässer nach biologischen und chemischen Kriterien, in: Gewässergüte und Bewirtschaftungsplanung, a.a.O., S. 9-28, - Moll, W.: Taschenbuch für Umweltschutz, Bd. I, Chemische und technologische Informationen, 2. Auflage, Darmstadt 1978, S. 100 f.

21) Siehe zu anderen Nutzungsinteressen Woerner, D.: Kühlregie und Wärmereglement für thermische Kraftwerke - Möglichkeiten - Grenzen - Überwachung, in: Lebenselement Wasser. Konsequenzen für Politik, Verwaltung und Technik, 14. Essener Tagung vom 18.3.-20.3.1981 in Essen (= Gewässerschutz, Wasser, Abwasser, Bd. 50, hrsg. v. B. Böhnke), Aachen 1982, S. 193-203.

22) Vgl. auch Moll, W., a.a.O., S. 100.

23) Verordnung über Trinkwasser und über Brauchwasser für Lebensmittelbetriebe (Trinkwasserverordnung) vom 31.1.1975.

24) Siehe auch Planungsgruppe Pilotprojekt Leine: Pilotprojekt Bewirtschaftungsplan Leine unter besonderer Berücksichtigung der Anwendung mathematischer Flußgebietsmodelle. Abschlußbericht, 18. Arbeitsbericht zum Leineprojekt, hrsg. v. Umweltbundesamt, Hannover/Berlin 1985, S. 39 f.

25) Vgl. ebd., S. 53.

26) Zitiert nach Bick, H.: Trinkwasser, in: Angewandte Ökologie, Bd. 1, a.a.O., S. 226-262, hier S. 260.

27) Vgl. DVGW-Arbeitsblatt 151, Eignung von Oberflächenwasser als Rohstoff für die Trinkwasserversorgung, Frankfurt 1975.

28) Vgl. Bernhardt, H.: Nutzungsbezogene Gewässerzustandsbeschreibung für die Trinkwassergewinnung, in: Gewässergüte und Bewirtschaftungsplanung, a.a.O., S. 109-135, hier S. 115.

29) DVGW-Arbeitsblatt 151.

30) Ebd. S. 115.

31) Vgl. ebd., S. 131.

32) Ebd., S. 131.

33) Vgl. Gimbel, R. / Sontheimer, H.: Die IAWR-Methode zur Darstellung der Gewässergüte aus der Sicht der Trinkwasserversorgung, in: Gewässergüte und Bewirtschaftungsplanung, a.a.O., S. 313-335, hier S. 313.

34) Vgl. ebd., S. 333.

35) Vgl. ebd., S. 53 und 88 f.

36) Das Sauerstoffsättigungsdefizit informiert über die biologisch abbaubaren Gewässerbelastungen. Es ergibt sich aus der Differenz zwischen vorfindbarem gelöstem Sauerstoff und der theoretisch möglichen Sauerstoffsättigung.

37) Vgl. Gimbel, R. / Sontheimer, H., a.a.O., S. 320.

38) Vgl. zur Methodik Gimbel, R. / Sontheimer, H., a.a.O., S. 330 ff.

39) Vgl. Richtlinie des Rates der Europäischen Gemeinschaft über die Qualität von Wasser für den menschlichen Gebrauch vom 15.7.1980, in: Amtsblatt der

Europäischen Gemeinschaften, Nr. 299/11, vom 30. 8. 1980. - Dinkloh, L.: Grenzwerte in der Praxis der Wassergütewirtschaft, in: Wasserfachliche Aussprachetagung, Hannover 1978, S. 63-85.

40) Dieses Gütekriterium wurde aufgenommen, weil ein Zusammenhang zwischen Kreislauferkrankungen und Wasserhärte vermutet wird. Vgl. Moll, W., a.a.O., S. 95.

41) Vgl. Landesanstalt für Ökologie (LÖLF) / Landesamt für Wasser und Abfall (LWA): Bewertung des ökologischen Zustands von Fließgewässern, Teil I, Bewertungsverfahren, Teil II, Grundlagen für das Bewertungsverfahren, Essen 1985, S. 7 ff.

42) Ludwig, K. / Scholze, H. J.: Maßnahmen zur verstärkten Berücksichtigung der Ökologie im Wasserbau, in: Wasserwirtschaft und Wassertechnik, 26. Jg., 1976, Heft 6, S. 212-215.

43) Der Rat von Sachverständigen für Umweltfragen spricht hier vom allgemeinen Gütezustand. Vgl. Der Rat von Sachverständigen für Umweltfragen: Umweltprobleme des Rheins, Sondergutachten, März 1976, Stuttgart und Mainz 1976, S. 51.

44) Vgl. Abschnitt 2.2.

45) Mit Hilfe einer Transformationskurve könnte die Rivalitätsbeziehung zwischen zwei Gütertypen, die jeweils den Faktor Wasser einsetzen, dargestellt werden. Dabei wäre die Transformationskurve der geometrische Ort aller Güterkombinationen, die bei einem gegebenen Wasserschatz bzw. Deponievolumen realisiert werden können. Vgl. KARL, H.: Property Rights als Instrument für eine umwelt- und grundwasserschonende Landwirtschaft, in: Zeitschrift für Umweltpolitik und Umweltrecht, 10. Jg. 1987, Heft 1, S. 23-24, hier S. 25. - Klaus, J.: Produktions- und Kostentheorie, Stuttgart 1974, S. 128 f.

46) Breuer, R.: Öffentliches und privates Wasserrecht (= Schriftenreihe der Neuen Juristischen Wochenzeitschrift, hrsg. v. F. Busse, K. Redeker), München 1976, S. 25 ff.

47) Siehe in diesem Zusammenhang auch Wicke, L.: Der ökonomische Wert der Umwelt, in: Zeitschrift für Umweltpolitik und Umweltrecht, 10. Jg. 1987, Heft 2, S. 109-155.

48) Zum Risikoaspekt siehe Siebert, H.: Economics of the Environment, sec. Ed., Berlin/Heidelberg 1987, S. 221 ff. - Karl, H.: Ökonomie öffentlicher Risiken in Marktwirtschaften, in: Wirtschaftswissenschaftliches Studium, 16. Jg. 1987, Heft 5, S. 217-223.

49) Siehe auch Arrow, K. / Fisher, A. C.: Naturerhaltung, Unsicherheit und Irreversibilität, in: Umweltökonomik, hrsg. v. R. Osterkamp et al., Meisenheim 1982, S. 184-191.

50) Vgl. Coase, R.: The Problem of Social Cost, in: Economics of the Environment, Selected Readings, hrsg. v. R. Dorfman, N. Dorfman, New York 1977, 2. Aufl., S. 142-171. - Aus der Sicht des Nutzers handelt es sich in diesem Fall bei der Gewässerqualität um eine technisch oder wirtschaftlich nicht substituierbare Ressource. Siehe in diesem Zusammenhang auch Wegehenkel,

L.: Marktsystem und exklusive Verfügungsrechte an Umwelt, in: Marktwirtschaft und Umwelt, hrsg. v. L. Wegehenkel, (Wirtschaftswissenschaftliche und wirtschaftsrechtliche Untersuchungen, Bd. 17, Walter Eucken Institut, Freiburg i. Breisgau), Tübingen 1981, S. 237-270, hier S. 264 ff.

51) Vgl. Bundesminister für Raumordnung, Bauwesen und Städtebau (Hrsg.): Raumordnungsbericht 1986, Bonn 1986, S. 118 f.

52) Vgl. Cichorowski, G.: Regionale Differenzierung in der Gewässergütewirtschaft (= Schriftenreihe des Instituts für Wasserversorgung, Abwasserbeseitigung und Raumplanung an der TH Darmstadt), Darmstadt 1982, S. 49.

53) Vgl. Landesamt für Wasser und Abfall Nordrhein-Westfalen: Richtlinie für die Ermittlung der Gewässergüteklasse - Fließgewässer -, Wasserwirtschaft Nordrhein-Westfalen, Düsseldorf 1982, S. 4.

54) So heißt es im Gewässergütebericht 1983: "Zwischen der Belastung eines Gewässers und der Zusammensetzung der Lebensgemeinschaft am Untersuchungsort besteht ein enger Zusammenhang. Giftig wirkende Stoffe können die Lebensgemeinschaft schädigen oder restlos vernichten. Von der Artenzusammensetzung der Biozönose und der Häufigkeit der in ihr lebenden Indikatorenorganismen kann direkt auf die Belastung des Gewässers geschlossen werden." Aus Landesamt für Wasser und Abfall Nordrhein-Westfalen: Gewässergütebericht 1983, Düsseldorf 1984, S. 8.

55) Cichorowski, G., a.a.O., S. 49.

56) Vgl. Odzuck, W., a.a.O., S. 238.

57) Vgl. ebd. S. 237.

58) Deutscher Verband für Wasserwirtschaft und Kulturbau e.V.: Beiträge zur Gewässerbeschaffenheit, in: Schriftenreihe des Deutschen Verbandes für Wasserwirtschaft und Kulturbau e. V., Heft 45, Hamburg/Berlin 1981, S. 114.

59) Zusätzlich zum Saprobienansatz werden drei chemische Parameter gemessen, und zwar der BSB5-Wert, der NH4-N-Wert und ein Sauerstoffminimum für die einzelnen Gütestufen. Vgl. Landesamt für Wasser und Abfall Nordrhein-Westfalen: Richtlinie für die Ermittlung der Gewässergüteklasse, a.a.O., S. 5.

60) Dabei werden die vier Gütestufen um drei Zwischenstufen, d.h. I/II, II/III und III/IV, ergänzt.

61) Vgl. auch Landesamt für Wasser und Abfall: Richtlinie für die Ermittlung der Gewässergüteklasse, a.a.O., S. 5.

62) Dies gilt sowohl für auf nährstoffarme sowie für auf nährstoffreiche Gewässer angewiesene Organismen.

63) Vgl. Knöpp, H.: Bisherige Zustandsbeschreibung der Oberflächengewässer nach biologischen und chemischen Kriterien, in: Gewässergüte und Bewirtschaftungsplanung, a.a.O., S. 9-28, hier S. 13.

64) Vgl. Förstner, U. / Müller, G. : Schwermetalle in Flüssen und Seen als Ausdruck der Umweltverschmutzung, Berlin u.a.O. 1974, S. 25.

65) Odzuck, W., a.a.O., S. 219.

66) Vgl. Sieckmann, V.: Notwendigkeit und Anforderungen einer Zustandsbeschreibung der Gewässer aus der Sicht Nordrhein-Westfalens, in: Gewässergüte und Bewirtschaftungsplanung, a.a.O., S. 83-93, hier S. 88.

67) Hier kommen Chlorkohlenwasserstoffe, polycyclische aromatische Kohlenwasserstoffe, Chlor- und Nitroaromate etc. in Frage.

68) Vgl. Rothe, J. CH.: Weitergehende Anforderungen - welche Anforderungen sind wo und warum zu stellen? in: Gewässerschutz und Abwasserreinigung als komplexe Aufgabe, a.a.O., S. 39-53, hier S. 47.

69) Vgl. Bick, H.: Abwässer und Gewässerverschmutzung, a.a.O., S. 207 f.

70) Ein ähnliches Vorgehen findet sich auch bei Lederer, K.: Aufrechnung von Umweltqualität? Ansätze zur Erfassung von Umweltbelastungen (= Papers aus dem internationalen Institut für Umwelt und Gesellschaft des Wissenschaftszentrums Berlin, 82/4), Berlin 1982, S. 6.

71) Vgl. Fürst, D. / Klemmer, P. / Zimmermann, D.: Regionale Wirtschaftspolitik, Düsseldorf/Tübingen 1976, S. 8 ff. - Eheart, W. / Lyon, E.: Alternative Structures for Water Rights Markets, in: Water Resources Research, Vol. 19, 1983, S. 887-894. - Karl, H.: Property Rights als Instrument für eine umwelt- und grundwasserschonende Landwirtschaft, a.a.O., S. 40.

72) Vgl. Landesamt für Wasser und Abfall: Gewässergütekarte Nordrhein-Westfalens, Düsseldorf 1985.

73) Dies gilt im übrigen auch für die vom Beirat für Raumordnung bevorzugten Mittelbereiche als räumliches Raster. Vgl. Beirat für Raumordnung, a.a.O., S. 180.

74) Die ist wiederum für die Ausweisung von Vorrangfunktionen von Bedeutung. Siehe dazu auch Jacobitz, K. H. et al.: Vorranggebiete für die Wassergewinnung als Instrumente der Regional- und Landesplanung (Beiträge der Akademie für Raumforschung und Landesplanung, Bd. 81), Hannover 1984, S. 13 ff.

Instrumente und Massnahmen zum Schutz und zur Nutzung der Wasserressourcen und die Bedeutung dieser Instrumente und Massnahmen für die Regionalentwicklung und für die Raumordnung

von
Ulrich Brösse, Aachen

Gliederung

1. Problemstellung

2. Zur Systematisierung der Instrumente und Maßnahmen zum Schutz und zur Nutzung der Wasserressourcen

3. Zentrale Wasserwirtschaftsplanung und Regionalentwicklung

4. Das administrative System von Genehmigungen und Grenzwerten für die Wasserbewirtschaftung in der Bundesrepublik Deutschland und Regionalentwicklung

5. Ökonomisch orientierte Instrumente der Wasserwirtschaftspolitik und Regionalentwicklung

6. Pragmatische Instrumente und Maßnahmen

7. Zur Problematik der Regionsbildung für Zwecke der Wasserwirtschaft und Regionalentwicklung

Literatur

Anmerkungen

1. Problemstellung

Seit einigen Jahren werden in der umweltpolitischen und wasserwirtschaftlichen Literatur Instrumente und Maßnahmen zum Schutz und zur Nutzung der Wasserressourcen diskutiert, die als Reaktion auf die zunehmende Belastung der Gewässer und die damit verbundene Verknappung qualitativ guten Rohwassers verstanden werden müssen. Dazu gehören mehr pragmatische Vorschläge, wie z.B. die vermehrte Erschließung sauberer Wasserressourcen und die Errichtung einer regionalen Verbundversorgung, aber auch theoretische Modelle einer z.B. mehr ökonomisch orientierten, marktnäheren Wassernutzung. Sie sind ergänzend und/oder alternativ zu dem in der Bundesrepublik Deutschland vorherrschenden System der staatlichen Gewässerbewirtschaftung zu sehen. Dieses hat offensichtlich den Schutz der Gewässer und die Wasserversorgung nicht optimal erreichen können, so daß Überlegungen für Verbesserungen als notwendig erkannt wurden.

Im Kern geht es bei allen diesen Überlegungen um umweltpolitische und spezifisch wasserwirtschaftliche Probleme, weniger jedoch unmittelbar um solche der Regionalentwicklung und Raumordnung[1]. Allerdings ist von seiten der Raumordnung schon frühzeitig die raumordnungspolitische und raumplanerische Bedeutung der Problematik der Wasserversorgung erkannt worden, so daß es inzwischen eine Reihe von Beiträgen zum Thema Raumordnung und Wasser gibt[2]. Sie beschäftigen sich jedoch auch mehr mit speziellen wasserwirtschaftlichen Aspekten, wie z.B. einer rationelleren Nutzung der Wasservorkommen im Raum[3], als mit dem Zusammenhang zwischen dem Schutz und der Nutzung der Gewässer einerseits und der Regionalentwicklung und der Raumordnung andererseits[4]. Insbesondere die regionalpolitische und raumordnungspolitische Bedeutung der mehr ökonomischen Instrumente des Wasserschutzes, aber auch die der herrschenden administrativen Wasserbewirtschaftungsordnung sind bislang nicht explizit Gegenstand einer wissenschaftlichen Analyse der hier interessierenden Fragestellung gewesen.

Aufgabe dieses Beitrages soll es deshalb sein, die Maßnahmen der derzeit geltenden Vorschriften in der Bundesrepublik Deutschland und die in der Literatur gemachten Vorschläge zum Wasserschutz und zur Wassernutzung auf ihre regionalpolitischen und raumordnungspolitischen Implikationen hin zu untersuchen. Dazu müssen die Maßnahmen und Modelle jeweils kurz dargestellt werden, woraus eine Art Synopse resultiert. Damit verbunden wird die regionalpolitische und raumordnungspolitische Bewertung. Auch diese muß wegen des begrenzten Umfangs dieses Beitrags notwendigerweise relativ kurz ausfallen, so daß es sich eher um eine Übersicht als um eine detaillierte Analyse der räumlichen Entwicklungsproblematik handelt.

Die Instrumente und Maßnahmen, um die es hier geht, können auf verschiedene Art und Weise für die Regionalentwicklung und für die Raumordnung von Bedeutung sein. Wasser ist ein wertvoller Produktionsfaktor und ein ebenso wertvolles Konsumgut. Es kann deshalb für eine Region ein endogenes Entwicklungspotential darstellen. Das setzt allerdings voraus, daß der ökonomische Wert des Gutes Wasser der Region auch zugute kommen kann, was letztlich von den ordnungspolitischen Rahmenbedingungen abhängt. Diese sind nach der herrschenden Gewässerbenutzungsordnung andere, als sie etwa in manchen Modellvorschlägen gemacht werden.

Umgekehrt kann Wasser auch ein begrenzender Faktor für die Regionalentwicklung sein, insbesondere in solchen Regionen, die relativ wasserarm sind oder in denen die Wasserverschmutzung weit vorangeschritten ist. Auch das gilt wiederum in Abhängigkeit von den ordnungspolitischen Rahmenbedingungen, die je nach Modellvorschlag unterschiedlich ausgestaltet sind.

Unter dem Aspekt der Regionalentwicklung können die zu diskutierenden Instrumente und Maßnahmen indirekte Wirkungen auf die Qualität der Umwelt und der Landschaft haben; denn je erfolgreicher die Gewässer in ihrer Qualität und ihrer Quantität geschützt werden, um so besser sind dann i.d.R. auch die Lebensbedingungen für die Lebewesen und die ästhetischen Bedingungen für das Leben der Menschen in der Region. Auch der Erholungswert wird dadurch beeinflußt.

Eine Bedeutung ergibt sich weiter im Zusammenhang mit der Ausweisung von Wasserschutzgebieten für die Flächennutzung und für die funktionsräumliche Arbeitsteilung. Raumnutzungskonflikte können durch die wasserwirtschaftlichen Instrumente und Maßnahmen hervorgerufen werden. Sie müssen im Sinne einer angestrebten funktionsräumlichen Arbeitsteilung gelöst werden. Diese Thematik berührt die Raumordnung stark, weil sie ja Leitbilder für die Arbeitsteilung im Raum vorgeben soll.

Konsequenzen der Modellvorschläge können weiter Kooperationen oder Absprachen zwischen Gemeinden oder Nachbarregionen über die Wassernutzung sein. Das kann zu einer gemeinsamen, koordinierten räumlichen Entwicklungspolitik und Raumplanung führen. Je nach den angewandten Instrumenten und Maßnahmen müssen betroffene Gebietskörperschaften oder auch andere Wirtschaftssubjekte gemeinsam nach Lösungen suchen.

Schließlich sind auch Auswirkungen auf die Raumplanung festzustellen. Die Wasserressourcen überschreiten vielfach irgendwie festgelegte Regionsgrenzen, was für die Raumplanung Probleme der Abstimmung und der Koordination zwischen den Räumen sowie Meß- und Darstellungsprobleme mit sich bringt. Beispielsweise setzt die Zuweisung von eigenständigen Nutzungsrechten an Grundwasservorkommen an Gemeinden voraus, daß die Grundwasservorkommen erfaßt, gemessen und kartographisch ausgewiesen werden. Entsprechendes gilt für Wasservorranggebiete.

Wenn die zu diskutierenden Instrumente auch nicht die schwerwiegendsten Probleme für die Regionalentwicklung und die Raumordnung aufwerfen, so sind ihre unterschiedlichen Wirkungen doch relevant und lassen es als berechtigt erscheinen, den Zusammenhängen in einem Aufsatz nachzugehen.

2. Zur Systematisierung der Instrumente und Maßnahmen zum Schutz und zur Nutzung der Wasserressourcen

Von den Maßnahmen und Vorschlägen in der Literatur zum Schutz und zur Nutzung der Wasserressourcen weist eine Reihe Ähnlichkeiten und Gemeinsamkeiten auf. Sie sind zweckmäßigerweise jeweils im Zusammenhang zu sehen und zu behandeln. Zur besseren Übersichtlichkeit und zur Verdeutlichung der prinzipiell unterschiedlichen Ansätze sollen verwandte Vorschläge aufgrund ihrer gemeinsamen Merkmale und Charakteristika zusammengefaßt werden. Wie bei jeder Systematisierung lassen sich Überschneidungen dabei allerdings nicht vermeiden. Dementsprechend sollen folgende Kategorien gebildet werden:

a. Eine systematische, weitgehend zentrale Wasserwirtschaftsplanung mit umfassenden förmlichen Plänen und zwingenden Vorschriften zur Nutzung der Gewässer.

Umfassende staatliche Pläne dieser Art passen eher in ein zentralverwaltungswirtschaftliches Wirtschaftssystem als in ein mehr marktwirtschaftlich orientiertes. Trotzdem ist es denkbar, für bestimmte Sektoren wie z.B. die Wasserwirtschaft solche Planungen auch in marktwirtschaftlich ausgerichtete Wirtschaftsordnungen zu integrieren. Das Wasserhaushaltsgesetz der Bundesrepublik Deutschland liefert mit den wasserwirtschaftlichen Rahmenplänen und den Bewirtschaftungsplänen einen Ansatzpunkt. Ein weitergehender Vorschlag in der Literatur empfiehlt eine umfassende Grundwasserbewirtschaftungsplanung.

b. Ein administratives System von Genehmigungen und zwingenden Grenzwerten für die Gewässerbenutzung, jedoch ohne systematische, zentrale Wasserwirtschaftsplanung.

Hier sind die derzeit in der Bundesrepublik Deutschland gültigen Regelungen bezüglich der Erlaubnis und Bewilligung für die Benutzung eines Gewässers und ähnliche zwingende Vorschriften gemäß dem Wasserhaushaltsgesetz sowie bezüglich von Emissions- und Immissionsgrenzwerten einzuordnen. Ein anderer Vorschlag in dieser Kategorie zielt auf eine Neuverteilung der Wasserrechte ab.

c. Mehr ökonomisch orientierte und marktnähere Instrumente, die wirtschaftliche Anreize setzen und das Nutzen-Kosten-Kalkül entscheidungswirksam werden lassen.

In diese Gruppe fallen Vorschläge vor allem von Ökonomen. Sie resultieren im wesentlichen aus der Kritik am Versagen der vorherrschenden administrativen Instrumente der vorstehend genannten Kategorie und sollen ganz andere Ursache-Wirkungs-Mechanismen auslösen. Zu nennen sind Lenkungsabgaben auf umweltbelastende Tatbestände, wie z.B. mit der Abwasserabgabe bereits eine realisiert ist, die staatliche Festlegung von Preisen für Rohwasser und für seine Nutzung, wozu der Wasserzins und teilweise die Zertifikatslösungen gezählt werden können, und die Schaffung von Märkten, also z.B. eines Wassermarktes beziehungsweise eines Marktes für Wassernutzungszertifikate.

d. Pragmatische Instrumente.

Hierzu sollen Vorschläge gezählt werden wie die Lösung des Wasserproblems mit Hilfe von Fern- oder Nahversorgungssystemen sowie der Wasserpfennig als Instrument des Staates zur Beschaffung von Finanzmitteln für den Wasserschutz.

Wie erwähnt, stellt die Bildung der vier Kategorien den Versuch dar, ein System in die Vielzahl der Problemlösungsmöglichkeiten zu bringen. Die Gruppierungen besagen jedoch nicht, daß die jeweils zugeordneten Instrumente immer alternativ zu sehen sind. Auch Kombinationen mehrerer Instrumente einer Kategorie und zwischen den Kategorien werden vorgeschlagen und sind realistischerweise vorstellbar.

3. Zentrale Wasserwirtschaftsplanung und Regionalentwicklung

Vorstellungen über eine mehr oder weniger fachlich umfassende Wasserwirtschaftsplanung haben Eingang in das Wasserhaushaltsgesetz (WHG) gefunden, das zwei Planarten kennt: die wasserwirtschaftlichen Rahmenpläne (§ 36 WHG) und die Bewirtschaftungspläne (§ 36 b WHG). Hierbei handelt es sich zwar um regionale und nicht um zentrale Pläne[5]; denn die Rahmenpläne sind für Flußgebiete oder Wirtschaftsräume und die Bewirtschaftungspläne für Gewässer oder Gewässerteile aufzustellen. Vom Ansatz her beinhalten sie aber eine relativ umfassende Planung, weil sie die Zusammenhänge zwischen den Wasserressourcen und der "Entwicklung der Lebens- und Wirtschaftsverhältnisse" einer Region (wasserwirtschaftliche Rahmenpläne) bzw. zwischen den Wasserressourcen und deren Nutzungen (Bewirtschaftungspläne) darlegen sollen. Das geht natürlich nur, wenn neben Aussagen zur Quantität und Qualität des Wasserdargebots auch solche zur Bevölkerungsentwicklung, zur wirtschaftlichen und wirtschaftsstrukturellen Entwicklung, zu ökologischen Anforderungen und zu den erforderlichen wasserwirtschaftspolitischen Maßnahmen gemacht werden[6]. In der Tat finden sich in einer Reihe von wasserwirtschaftlichen Plänen solche weitreichenden Ansätze.

Diese Planungsansprüche nach dem Wasserhaushaltsgesetz haben zur Konsequenz, daß die wasserwirtschaftliche Planung vor etwa den gleichen Planungsproblemen steht wie jede regionale Entwicklungsplanung. Eine Wasserwirtschaftsplanung ist ohne eine gute regionale Entwicklungsplanung eigentlich gar nicht möglich, wie umgekehrt eine erfolgreiche regionale Entwicklungsplanung ohne die notwendigen Daten aus dem Bereich des Wasserdargebots nicht durchgeführt werden kann.

Diese Wechselwirkungen und das Fehlen eigentlicher regionaler Entwicklungspläne bzw. die Schwächen der vorhandenen Regionalpläne oder regionalen Raumordnungspläne erklären vielleicht die zögerliche Erarbeitung der Planungen gemäß dem Wasserhaushaltsgesetz und ihre anscheinend bislang geringe praktische Bedeutung und Wirksamkeit.

Vor diesem Hintergrund muß der Vorschlag gesehen und gewertet werden, mehr oder weniger zentral eine Grundwasserbewirtschaftungsplanung durchzuführen[7]. Dieser Gedanke wurde von Bergmann und Kortenkamp aufgegriffen, die skizzieren, was eine solche Planung beinhalten müßte[8]. Die Überlegungen werden zwar nur für das Grundwasser angestellt, lassen sich aber analog auf alle Gewässer übertragen. Eine solche übergreifende Grundwasserplanung mag zwar "sicherlich eine Verbesserung der jetzigen Grundwasserbewirtschaftung" darstellen[9]. Die Ausführungen lassen jedoch erkennen, daß für die Durchführung einer solchen Planung die Kenntnisse erforderlich sind, die auch für eine allgemeine räumliche Entwicklungsplanung erforderlich sind. Solange diese nicht realisiert wird, kann es auch keine zentrale, übergreifende Wasserwirtschaftsplanung geben, die realistisch und anwendbar ist.

Die Frage nach einer zentralen Planung in der Raumordnung ist eine wirtschaftsordnungspolitische Frage[10]. Sieht man hiervon einmal ab, so handelt es sich aber auch um eine Frage nach der Nützlichkeit. Ist eine umfassende Wasserwirtschaftsplanung besser geeignet, die Wassernutzung und die Wassernutzungskonkurrenz sowie den Gewässerschutz zu regeln und zu sichern, als es andere Instrumente sind? Der Erfolg zentraler Planung hängt weitgehend davon ab, daß zwischen dem angestrebten Leitbild und den tatsächlichen Wünschen und Möglichkeiten der Menschen, Akteure und Ressourcen eine möglichst weitgehende Übereinstimmung erreicht werden kann. Für den Bereich der Wassernutzung und des Wasserschutzes setzt das zwingend voraus, daß die Planung im Rahmen einer entsprechenden zentralen räumlichen Entwicklungsplanung erfolgt. Nur so läßt sich die erforderliche Übereinstimmung herstellen. Dann aber kann die Planung nützlich für die Sichtbarmachung der Zusammenhänge zwischen den Wasserressourcen und der Regionalentwicklung sein, sie kann Alternativen aufzeigen und so politische Entscheidungen aufgrund wichtiger Informationen rationaler machen.

Der Gedanke einer Wasserwirtschaftsplanung in Ergänzung zu den Planungen des Wasserhaushaltsgesetzes im Rahmen der Raumplanung sollte dementsprechend weiterverfolgt werden. Allerdings ist das, wie erwähnt, nicht ohne eine entsprechende räumliche Entwicklungsplanung möglich[11]. Die Tendenzen und Forderungen im Bereich der Fachplanung Wasserwirtschaft verlangen geradezu eine übergeordnete räumliche Entwicklungsplanung. Insofern ist es nicht verständlich, wenn im Bereich der Raumplanung als übergeordneter Entwicklungsplanung heute eine gewisse Abkehr von der Planung festzustellen ist, während im Bereich der Fachplanung Wasserwirtschaft eher der umgekehrte Trend wahrzunehmen ist.

4. Das administrative System von Genehmigungen und Grenzwerten für die Wasserbewirtschaftung in der Bundesrepublik Deutschland und Regionalentwicklung

Über die Art der Nutzung des Rohwassers und seine Zuteilung an Nutzer entscheiden in der Bundesrepublik Deutschland staatliche Stellen. Insoweit unterliegen ein bedeutender Produktionsfaktor und ein wichtiges Konsumgut vollständig der staatlichen Kontrolle. Die nutzbare Menge und vor allem die Qualität des Rohwassers hängen heute sehr stark von anthropogen bedingten Umweltbelastungen ab. Ursächlich hierfür sind überwiegend die Verhaltensweisen der Wirtschaftssubjekte, die allerdings wiederum durch die staatlichen wirtschaftsordnungspolitischen Rahmenbedingungen beeinflußt sind. Abweichend von einer marktwirtschaftlichen Konzeption versucht der Staat in der Bundesrepublik Deutschland, neben der Art der Nutzung auch die Reinhaltung und den Schutz der Gewässer durch zwingende Vorschriften in Form von Nutzungsgenehmigungen und Grenzwerten für wasserbelastende Emissionen zu erreichen. Auch hier herrscht staatliche Intervention vor[12].

Für die Regionalentwicklung - wie für jede wirtschaftliche Entwicklung - ist Wasser als Produktionsfaktor und als Konsumgut von Bedeutung. Die Tatsache ist bekannt. Wenig bekannt dagegen ist, ob und gegebenenfalls in welcher Art und Weise räumliche Entwicklungsaspekte bei den staatlichen Entscheidungen im Bereich der Wasserwirtschaft einfließen und inwieweit durch die staatliche Wasserwirtschaft unbewußt oder auch bewußt Regionalpolitik gemacht wird. Dieser Problematik soll im folgenden nachgegangen werden.

Die Wasserressourcen sind im wesentlichen natürlich vorgegeben. Auch eine Sammlung von Wasser in Talsperren ist letztlich auf geeignete Täler und Wassereinzugsgebiete angewiesen. Regionen mit Wasserressourcen haben also natürliche Standortvorteile. Abgesehen von früheren Zeiten, wo menschliche Siedlungen überwiegend auf Wasser am Ort angewiesen waren, ist die heutige menschliche Siedlungs- und Wirtschaftstätigkeit von lokalen Wasserressourcen meist unabhängig möglich; denn Wasser läßt sich gut transportieren, und ein ausgebautes Infrastrukturnetz der Wasserversorgung bzw. sein weiterer Ausbau ermöglicht die Lieferung an fast jede gewünschte Stelle in der Bundesrepublik Deutschland. Der natürliche Standortvorteil "Wasser" ist also - außer für wenige Produktionen - unbedeutend.

Das heißt nun aber nicht, daß nicht Wasser zunehmend knapper geworden ist, einmal, weil über viele Jahre hinweg die Nachfrage nach Wasser gestiegen ist, und vor allem, weil die Wasserverschmutzung immer mehr Rohwasser unbenutzbar macht oder es in der Aufbereitung teurer werden läßt. Insbesondere auch das wertvolle, weil (noch?) weniger belastete Grundwasser ist infolge langfristiger staatlicher Nutzungszusagen an bestimmte Unternehmen besonders knapp. In einer Reihe von Regionen stellt deshalb Wasser heute einen begrenzenden Wachstums- und Entwicklungsfaktor dar. Nur durch die Erschließung zusätzlicher Wasserressourcen läßt sich die Wachstumsschranke - zumindest zeitweilig - heben. Dadurch erlangen staatliche Wassernutzungsgenehmigungen für öffentliche Wasserversorgungsunternehmen oder für Industrieunternehmen ganz erhebliche regionalpolitische Bedeutung. Beispielhaft sei auf die staatlichen Genehmigungen für die Fernwasserversorgung des Stuttgarter Raumes aus dem Bodensee verwiesen oder auf das weniger spektakuläre Beispiel der Versorgung des Ruhrgebiets aus dem südlich angrenzenden Ruhrtal und den nördlich angrenzenden Halterner Sanden. Diese Beispiele und weitere Beispiele für Fernwasserversorgungen (Hamburg - Lüneburger Heide; München - Loisachauen; Bremen - Harz; Franken - Altmühltal) lassen erkennen, daß die "regionalpolitischen Strategien" der staatlichen Wasserbehörden anscheinend immer darin bestanden haben, das Wasser zur Nachfrage in die wirtschaftlich prosperierenden "Engpaßregionen" zu leiten. Engpässe bei der Ressource Wasser wurden so überwunden und nicht als solche wirksam; d.h. nicht die anderen Produktionsfaktoren und die Menschen wanderten zum Wasser, sondern umgekehrt.

Natürlich muß man die Frage stellen, ob denn die wasserreichen Regionen überhaupt als neue Standorte für Industrie, Gewerbe und menschliche Siedlungen Chancen haben. Wenn Wasser knapp ist und als begrenzender Faktor regional fühlbar und wirksam wird, dann wird man diese Frage bejahen müssen. Trotzdem wird aufgrund der staatlichen Wasserbenutzungsordnung die Ressource den einen ohne Entschädigung genommen und den anderen kostenlos zugeteilt. Insofern findet in beachtlichem Ausmaß ein Transfer von ökonomischen Ressourcen statt, der zur einseitigen Begünstigung der wassernachfragenden Regionen führt. Die regionalpolitischen Effekte der Wasserwirtschaftspolitik sind den Zielsetzungen der regionalen Wirtschaftspolitik eher entgegengerichtet.

Die Problematik hat aber noch eine zweite Seite. Durch den Wassertransfer werden nicht nur die begünstigten Regionen wirtschaftlich gestärkt. Zugleich werden die wasserabgebenden Regionen wirtschaftlich geschwächt, weil sie "ihr" kostbares Gut anderen ohne Gegenleistung zur Verfügung stellen müssen. Insofern war und ist die staatliche Wasserwirtschaftspolitik in doppelter Weise den Bemühungen der staatlichen Regionalpolitik entgegengerichtet, die sich ja gerade auch einen Transfer von Ressourcen in die zu fördernden Regionen zum Ziel gesetzt hat.

Staatliche Maßnahmen zum Schutz und zur Reinhaltung der Gewässer sind bezüglich ihrer regionalpolitischen Effekte wesentlich schwerer zu beurteilen als die Maßnahmen zur Nutzungsregelung. Emissionsnormen und ähnliche Vorschriften betreffen Emittenten, unabhängig davon, in welcher Region sie emittieren, wenn man einmal von regional differenzierten Emissionsnormen absieht. In der Regel werden die industriereichen und bevölkerungsreichen Regionen am stärksten wirtschaftlich betroffen sein. Soweit es sich um Emissionen der landwirtschaftlichen Produktion handelt, sind aber auch besonders die ländlichen Gebiete berührt. Geht man davon aus, daß Umweltbelastungen als soziale Kosten zu vermeiden sind, so entfällt insoweit eine spezifisch regionalpolitische Problematik; denn jeder Verursacher von Wasserverschmutzung handelt letztlich in unzulässiger Weise.

Erhebliche regionale Probleme wirft aber die Anwendung des Instruments der Wasserschutzgebiete auf. Wasserschutzgebiete ziehen eine Reihe von Nutzungseinschränkungen und damit verbundenen wirtschaftlichen Nachteilen nach sich[13]. Mit der Entscheidung des Staates, wo Wasser für Trinkwasserzwecke genutzt werden darf und wo dementsprechend Wasserschutzgebiete auszuweisen sind, wird immer auch eine Entscheidung mit mehr oder weniger großen Nachteilen für die jeweilige Regionalentwicklung getroffen. Es ist daher verständlich, wenn die staatliche Wasserwirtschaftspolitik den Weg des geringsten Widerstandes wählt und dort Wasserschutzgebiete festlegen möchte, wo am wenigsten die Wirtschaft und die Siedlungstätigkeit betroffen sind. Das führt zu regionalen Strukturen, die mit den Zielvorstellungen regionaler Strukturpolitik nicht unbedingt übereinzustimmen brauchen. Auch bezüglich der Ausweisung von Wasserschutzgebieten erscheint das staatliche Handeln der Wasserbehörden mit dem der zuständigen Stellen der Regionalpolitik nicht koordiniert.

Ein Weiteres kommt hinzu. Interesse an den Wasserschutzgebieten haben in erster Linie die Regionen, die das Wasser benötigen. Sie werden deshalb darauf drängen, daß den wasserreichen Gebieten die Funktion der Wasserlieferung zukommt, und in diesem Sinne auf die staatliche Wasserwirtschaftspolitik einwirken. Im ökonomischen Wettbewerb der Regionen wird dann nicht nur um Infrastruktur, Arbeitsplätze und Bevölkerung konkurriert, sondern mit dem Argument der Notwendigkeit einer großräumigen funktionsräumlichen Arbeitsteilung läßt sich auch noch zu Lasten der Wasserregionen argumentieren. Würden die wasserreichen Regionen Einnahmen aus der Abgabe des Rohwassers erzielen, so käme dies den regionalpolitischen Zielsetzungen entgegen. Soweit das aber nicht der Fall ist, laufen Regionalpolitik und Wasserwirtschaftspolitik auseinander.

5. Ökonomisch orientierte Instrumente der Wasserwirtschaftspolitik und Regionalentwicklung

Unter ökonomisch orientierten Instrumenten der Wasserwirtschaftspolitik sind solche zu verstehen, die aufgrund wirtschaftlicher Nutzen-Kosten-Überlegungen der Adressaten diese dazu bewegen, sich so zu verhalten, daß dadurch neben ihren eigenen erstrebten Zielen (Gewinnmaximierung, Kostenminimierung, Nutzenmaximierung) auch die Ziele der staatlichen Wasserwirtschaftspolitik (Sicherung einer ausreichenden Wasserversorgung, Schutz der Gewässer) realisiert werden. Es werden ökonomische Anreize für Private gesetzt, um die politischen Ziele des Staates zu erreichen.

Im Rahmen der umweltpolitischen Diskussion werden in diesem Zusammenhang zwei Instrumente genannt: Die Abgaben und die Zertifikate. Abgaben im Sinne von Wirkungszweckabgaben werden auf einen umweltbelastenden Tatbestand erhoben mit der Absicht, den Verursacher der Umweltbelastung dazu zu bewegen, die Umweltbelastung wegen der Verpflichtung zur Zahlung der Abgabe zu vermeiden, wobei die Belastungen aus der Zahlung der Abgabe höher sein müssen als die Kosten der Vermeidung der Umweltschädigung[14]. Wie noch zu zeigen ist, kann durch die Abgabe aber auch das Verhalten des Abgabeempfängers positiv im Sinne des Umweltschutzes bzw. im Sinne des Gewässerschutzes beeinflußt werden.

Zertifikate sind verbriefte Nutzungsrechte für Umweltressourcen, die etwas kosten, weil sie z.B. an einer "Börse" gekauft werden müssen, wenn man einzelne Umweltressourcen in bestimmter Form nutzen will (z.B. Entnahme von Rohwasser oder Abgabe von Schadstoffen in ein Gewässer). Durch den an der Börse gebildeten Preis für die Zertifikate, der ein Marktpreis ist, wird die Nutzung der natürlichen Ressource in der privatwirtschaftlichen Kostenrechnung ein Kostenfaktor[15]. Unter der Zielsetzung der Kostenminimierung werden sich deshalb die Umweltnutzer darum bemühen, kostengünstigere Faktoren oder Verfahren einzusetzen, wodurch es zu Umweltentlastungen und -verbesserungen kommt.

Abgaben und Zertifikate sind Alternativen zu den staatlichen zwingenden Ge- und Verboten (Genehmigungen, Emissionsnormen und ähnliches). Bis auf die verwirklichte Abwasserabgabe nach dem Abwasserabgabengesetz stellen sie lediglich Vorschläge dar. Die Vorzüge der beiden Instrumente werden darin gesehen, daß sie wirksamer und ökonomisch effizienter Umweltschutz realisieren. Der Gewässerschutz erfolgt mehr aufgrund ökonomischer Überlegungen und Entscheidungen als aufgrund von Verwaltungsentscheidungen wie im Falle der administrativen Wasserbewirtschaftungsordnung in der Bundesrepublik Deutschland.

Dieser Unterschied wird sich wahrscheinlich auch räumlich ausdrücken. Wo ein Gewässer und welche Gewässer stärker geschtzt bzw. genutzt werden, hängt dann auch von ökonomischen Entscheidungskriterien anderer Wirtschaftssubjekte als des Staates allein ab. Für die Raumordnung wird es in gewisser Weise schwieriger, die "richtigen" Wasservorranggebiete auszuweisen. Allerdings benötigt besonders die Zertifikatelösung auch die Mithilfe der Raumordnung; denn für die praktische Durchsetzung der Zertifikatelösung ist es erforderlich, Gebiete abzugrenzen und planerisch auszuweisen, auf die sich die jeweils ausgegebenen Zertifikate beziehen. Für die Ressource Wasser müssen solche Gebiete zweckmäßigerweise Wassereinzugsgebiete sein, weil in solchen Gebieten zwischen den Verschmutzungsquellen und der Qualität des Wassers besonders enge Beziehungen bestehen. Wassereinzugsgebiete und Regionen der Regionalpolitik sind aber nur selten deckungsgleich. Die Raumordnung muß sich unter dieser neuen Fragesstellung mit der Regionalisierungsproblematik befassen. Die Wassereinzugsgebiete erhalten durch die ökonomischen Instrumente eine neue wirtschaftliche Relevanz.

Beachtliche regionalpolitische Effekte können auftreten, wenn die Abgaben- und Zertifikatelösungen so ausfallen, daß damit eine regionale Umverteilung der Vorteile aus der Nutzung der Wasserressourcen einhergeht. Eine solche Umverteilung von Nutzungsvorteilen ist - ökonomisch betrachtet - durchaus berechtigt, weil die Nutzer der Wasserressourcen z.T. erhebliche ökonomische Renten erzielen können, deren Verteilung letztlich politisch geregelt werden muß[16].

Zwei Vorschläge von regionalpolitischer und raumordnungspolitischer Bedeutung liegen hierzu vor: Die Schaffung eines Marktes für Rohwasser und die Erhebung eines Wasserzinses für die Nutzung von Rohwasser. Beim Markt für Wasser[17] legen die staatlichen Wasserbehörden die maximal zulässigen Wasserentnahmemengen fest und verbriefen sie in Wasserbons. Diese werden an einer Wasserbörse gehandelt. Nachfrager sind die Wasserversorgungsunternehmen und die wassernutzende Wirtschaft. Anbieter sind die Gemeinden als Inhaber der Wasserressourcen, die den wirtschaftlichen Nutzen daraus ziehen können. Das führt erstens zu einer marktnäheren, ökonomisch effizienteren Allokation der Wasserressourcen und schafft zweitens ein größeres wirtschaftliches Interesse an der Reinhaltung der Gewässer bei den Gemeinden, was zu einer Verbesserung der Qualität der Gewässer führen kann. Die Wasserbons entsprechen den Zertifikaten, so daß dieses Modell eine Art Zertifikatelösung mit deren Problematik darstellt.

Der Wasserzins[18] ist ein Entgelt für die Entnahme von Rohwasser, das in seiner Höhe politisch festgelegt werden muß und den Gemeinden als Inhabern der Wasserressourcen zugute kommt. Dadurch soll erreicht werden, daß sich die begünstigten Gemeinden als Lobby für das Wasser stark machen und einen besseren Gewässerschutz gewährleisten, als es das bisherige staatliche Kontrollsystem tut. Der Wasserzins stellt praktisch eine Abgabe dar, so daß dieser Vorschlag einer Abgabenlösung mit ihren Vorzügen und Problemen entspricht.

Die regionalpolitischen und raumordnungspolitischen Wirkungen dieser beiden Modelle beruhen darauf, daß ökonomische Ressourcen einer Region nicht nur zum Entwicklungsfaktor anderer Regionen, sondern auch für die Standortregion zum endogenen Entwicklungsfaktor werden. Empirische Untersuchungen für zwei Regionen im Lande Nordrhein-Westfalen aufgrund tatsächlicher Wasserentnahmen und einer angenommenen Höhe für den Wasserzins zeigen, daß im Vergleich mit den gemeindeeigenen Steuereinnahmen aus der Grundsteuer und der Gewerbesteuer der Wasserzins in einer großen Zahl von Fällen gleich große und sogar höhere Einnahmen erbringen kann[19]. Der Wasserzins wird zum Teil zu erheblichen Steigerungen der Realsteuerkraft vieler Gemeinden führen. Hierdurch können neue finanzielle Quellen für den wirtschaftlichen Wohlstand in einzelnen Regionen und für die Regionalentwicklung erschlossen werden, und zwar zu Lasten bisher begünstigter Regionen, so daß auch ein interregionaler Ausgleich stattfindet.

Die räumliche Verteilung der Wasserressourcen korrespondiert nicht mit der Verteilung der Nachfrage nach Wasser und auch nicht unbedingt mit der regionalen Verteilung der Wirtschaftskraft. Man kann also keinesfalls wasserreiche Regionen mit wirtschaftlich schwachen Regionen generell gleichsetzen. Allerdings gibt es Fälle, wo diese Parallelität gegeben ist. Empirisch läßt sich jedoch ein Zusammenhang zwischen dem Typ der wirtschaftlich schwachen Gemeinde und dem Wasserreichtum nicht nachweisen[20]. Das heißt, daß Wassermarkt und Wasserzins nur regionsindividuell zu bewerten sind. Für einzelne Regionen haben diese beiden Instrumente positive regionalpolitische Effekte, für andere nicht. In jedem Falle dürfen die umweltpolitischen bzw. wasserwirtschaftlichen Modelle nicht ohne ihre regionalpolitischen Implikationen gesehen werden. Auch hier zeigt sich wieder, daß Regionalpolitik nicht ohne die Berücksichtigung der Wasserwirtschaftspolitik und umgekehrt diese nicht ohne die Informationen der Regionalpolitik sinnvoll und koordiniert durchgeführt werden kann.

Im Rahmen der ökonomischen Theorie werden weiter dezentrale Verhandlungen zwischen Wirtschaftssubjekten oder Gruppen von Wirtschaftssubjekten im Zusammenhang mit der Zuweisung von exklusiven Nutzungs- und Verfügungsrechten an Ressourcen als ein mögliches alternatives oder ergänzendes Instrument der Wirtschafts- und Umweltpolitik diskutiert. Die Begründung für diese Art von Instrumenten und Maßnahmen lautet auch wieder, daß sie, weil "marktnäher", eine größere ökonomische Allokationseffizienz versprechen, als sie die mehr staatlich administrativen, interventionistischen Instrumente erreichen.

Ein diesbezüglicher konkreter Vorschlag wurde für den Bereich der Wasserwirtschaft von Karl gemacht[21]. Er diskutiert die Möglichkeiten der Zuweisung von Nutzungs- und Verfügungsrechten über Grundwasservorräte an Landwirte und Wasserwirte, also vor allem Wasserversorgungsunternehmen, und die Voraussetzungen und Bedingungen für erfolgreiche Verhandlungen bezüglich einer effizienten Ressourcenallokation und eines wirksamen Grundwasserschutzes zwischen den beiden Gruppen. Aufgrund der Zuweisung von "property rights" und der damit verbundenen Möglichkeit, von den Verhandlungspartnern Geldzahlungen für die Zustimmung zu bestimmten Wassernutzungen zu verlangen, ist die im derzeitigen System kostenlose Nutzung des Grundwassers nicht mehr möglich. Innerhalb einer Region, in der Wasserversorgungsunternehmen und die betroffenen Landwirte verhandeln, erlangt die Ressource Grundwasser einen ökonomischen Wert, genauso wie die dort erzeugten landwirtschaftlichen Produkte. Damit wird im konkreten Fall ein "endogener" Entwicklungsfaktor geschaffen.

Allerdings muß gesehen werden, daß dazu parallel andere Güter, nämlich landwirtschaftliche Produkte, weniger produziert werden können, so daß sich per Saldo für die Region wertschöpfungsmäßig vieleicht nichts ändert. Karl vermutet allerdings, daß das Instrument der Verhandlungen zu Effizienzgewinnen führt[22], so daß damit für die Region insgesamt doch ein wirtschaftlicher Vorteil verbunden ist.

Das mag sich letztlich für die Region wohlstandssteigernd auswirken. Erhebliche Impulse für die Regionalentwicklung dürften damit allerdings kaum verbunden sein. Wie aber auch für die vorstehend diskutierten ökonomischen Instrumente dargelegt, kann sich die funktionsräumliche Arbeitsteilung sehr wohl ändern, wenn sich infolge der Verhandlungen die Verteilung von Wassernutzung und landwirtschaftlicher Nutzung im Raum ändert. Insofern besteht auch hier eine gewisse raumordnungspolitische Relevanz.

6. Pragmatische Instrumente und Maßnahmen

Eine in der Bundesrepublik Deutschland stark und kontrovers diskutierte Maßnahme zum Schutz der Gewässer stellt der Wasserpfennig dar, wie er im Rahmen einer Änderung des Landeswassergesetzes in Baden-Württemberg eingeführt worden ist. Unter dem Wasserpfennig ist ein Entgelt für Wasserentnahmen zu verstehen. "Das Land erhebt von dem Benutzer eines Gewässers ein Entgelt für folgende Benutzungen, soweit sie der Wasserversorgung dienen:

1. Entnehmen und Ableiten von Wasser aus oberirdischen Gewässern,

2. Entnehmen, Zutagefördern, Zutageleiten und Ableiten von Grundwasser[23]. Bezüglich der Begründung für diese Maßnahme heißt es im Gesetzentwurf: "Im Hinblick auf den Sondervorteil, den eine über den Gemeingebrauch hinausgehende Wasserentnahme verschafft, und auf den erheblichen Aufwand, den das Land für die Unterhaltung und Reinhaltung der Gewässer erbringt, soll ein Entgelt erhoben werden."[24] Es sollen also Sondervorteile der Wasserentnehmer abgeschöpft und die Kosten des Landes für die Unterhaltung und Reinhaltung der Gewässer (teilweise?) gedeckt werden. Dementsprechend steht das Aufkommen aus dem Wasserpfennig dem Lande zu (§ 17 a III Gesetzentwurf). Letztlich steht hinter dieser Maßnahme die politische Absicht, aus dem Finanzaufkommen diejenigen Landwirte entschädigen zu können, die aufgrund von Auflagen in Wasserschutzgebieten Einschränkungen bei der Landbewirtschaftung hinnehmen müssen.

An dieser Stelle interessiert nicht die umweltpolitische Problematik des Wasserpfennigs[25], sondern die regionalpolitische. Die Regionalentwicklung wird durch wasserwirtschaftliche Maßnahmen begünstigt, wenn Ressourcen der Region dadurch insgesamt besser genutzt werden können oder wenn dadurch Ressourcen zusätzlich in die Region gelenkt werden. Der Wasserpfennig wird im ganzen Gebiet des Landes Baden-Württemberg von den Wassernutzern erhoben und zu den Landwirten in Wasserschutzgebieten transferiert. Insoweit erfolgt eine regionale und sektorale finanzielle Umverteilung. Allerdings müssen die betroffenen Landwirte den Einsatz bestimmter Dünger- und Pflanzenschutzmittel begrenzen, was zu Produktivitäts- und Einkommensminderungen führen kann, so daß die Landwirte per Saldo vielleicht keine zusätzlichen Einnahmen erzielen. Ob die Regionen mit Wasserschutzgebieten durch den Wasserpfennig höhere Geldzuflüsse per Saldo verzeichnen können, läßt sich nur schwer abschätzen. Dem Zufluß aus dem Wasserpfennig steht ein Verlust aus dem geringeren Verkauf landwirtschaftlicher Produkte nach außerhalb der Region gegenüber. Allerdings wird innerhalb des Landes Baden-Württemberg eine interregionale Verschiebung von Geldströmen zwischen den Regionen durch den Wasserpfennig eintreten. Nur insofern sind regionalwirtschaftliche Effekte zu erwarten. Sie werden aber kaum im Sinne regionalpolitischer Zielsetzungen eintreten.

Eine quantitative Analyse dieser regionalen finanzwirtschaftlichen Wirkungen und Beziehungen ist bislang nicht bekannt geworden. Allerdings wurde global für das Land Baden-Württemberg errechnet, daß von dem Aufkommen aus dem Wasserpfennig dem Lande rund 86% als Mehreinnahmen verbleiben, während 14% durch geringere Einnahmen aus der Einkommens- und Körperschaftssteuer wieder verloren gehen, solange der Wasserpfennig nicht in den Länderfinanzausgleich einbezogen wird. Bei Einbeziehung in den Länderfinanzausgleich sollen sich die

Mehreinnahmen auf maximal nur noch 20% belaufen, wobei die Erhebungskosten noch nicht einkalkuliert sind[26].

Wenn der Wasserpfennig zu einem erfolgreichen Gewässerschutz führt, so hat das Auswirkungen auf die Kosten der Wasserversorgung und somit auf die Kostenbelastung der Verbraucherregionen und auf die ökologische Qualität der betroffenen Räume. Unter den gegenwärtigen Bedingungen der öffentlichen Wasserbewirtschaftungsordnung würden aber am ehesten die wasserverbrauchenden Regionen wirtschaftlich davon profitieren. Im Ergebnis stärkt der Wasserpfennig also die wirtschaftlich entwickelten Regionen, indem er sie von Kosten und Kostensteigerungen bei der Wasseraufbereitung entlastet. Zugleich würde die ökologische Qualität der wasserliefernden Regionen steigen. Inwieweit sich das wiederum positiv auf die Regionalentwicklung auswirkt, läßt sich so kaum sagen. Der Zusammenhang zwischen dem Wasserpfennig und der Regionalentwicklung dürfte insoweit nur schwer nachzuweisen sein.

Als pragmatische Maßnahmen können auch die Vorschläge eingestuft werden, die unmittelbar auf eine Wassereinsparung und rationellere Wassernutzung abzielen, wie z.B. eine Neuverteilung der Wassernutzungsrechte der Industrie[27] bei gleichzeitiger Umstellung der industriellen Wassernutzung auf mehr Oberflächenwassernutzung und Kreislaufwassernutzung sowie die Schaffung von Wasserverbundsystemen[28]. Diese Wirkungen werden letztlich natürlich auch durch die anderen erwähnten Instrumente bezweckt.

Einsparungen beim Wasserverbrauch sind kostensenkend, was, ökonomisch gesehen, immer positiv zu bewerten ist. Das kann dazu führen, daß neben den lokalen Wasservorkommen die entfernteren Vorkommen weniger beansprucht werden müssen, wodurch Transportkosten eingespart werden. Auch das wirkt sich räumlich insgesamt produktivitätssteigernd aus. Allerdings kann damit ein Wertverlust für die Wasserressourcen in peripheren Regionen einhergehen. Solange die Werte dieser Ressourcen den Regionen auch nach dem derzeitigen Wasserbewirtschaftungssystem nicht zugute kommen, hat das für diese Räume keine Folgen. Das wäre jedoch anders, wenn nach Realisierung der erwähnten ökonomischen Instrumente die wasserliefernden Regionen Erträge aus ihren Ressourcen erzielen könnten.

Auch die regionalpolitischen und raumordnungspolitischen Konsequenzen von Verbundsystemen hängen ganz entscheidend vom wasserwirtschaftlichen Ordnungsrahmen ab. Nach dem gegenwärtigen Ordnungssystem können, wie schon deutlich gemacht, wasserreiche Regionen an ihrem Reichtum durch Verkauf des Wassers nicht partizipieren. Wenn es billiger ist, das Wasser zu den Nachfragern zu transportieren, als die Nachfrager zum Angebot zu bringen oder nachfragenahe Ressourcen zu schützen und auf die Fernwasserversorgung zu verzichten, werden die wasserabnehmenden Regionen wirtschaftlich begünstigt. Diese Bevorteilung steigt noch, wenn das Leitungssystem und die Wassersammlung (evtl. durch Talsperren) überregional finanziert werden. Der Wasserverbrauch wird dann doppelt subventioniert: Zum einen über die nicht kostendeckende Bereitstellung des Wassers und zum anderen durch die staatliche Entscheidung für den Preis von 0 für das Rohwasser.

Dieses Ergebnis könnte anders aussehen, wenn eine realistische Kostenzuordnung vorgenommen würde. Preise für Rohwasser und eine volle Kostenabdeckung durch die Verbraucher würden die Standortbedingungen evtl. verändern und zu regionalen Umstrukturierungen führen.

7. Zur Problematik der Regionsbildung für Zwecke der Wasserwirtschaft und Regionalentwicklung

Eine Reihe von Maßnahmen der Wasserwirtschaft setzt die Bestimmung und Festlegung von Regionen für die Wasserwirtschaft voraus. Hier ergeben sich Berührungspunkte zu der Regionsbildung im Rahmen der Regionalpolitik und der Raumordnungspolitik. Während aber die Regionen für die Regionalpolitik und die Raumplanung primär nach ökonomischen und Verwaltungskriterien gebildet werden, erfolgt die Regionalisierung für die Zwecke der Wasserwirtschaft primär nach hydrologischen Kriterien. D.h. konkret, daß für die wasserwirtschaftlichen Regionen und Schutzgebiete natürliche Wassereinzugsgebiete bestimmend sind, wohingegen die Regionalisierung im Rahmen der Regionalpolitik und der Raumordnungspolitik nach Merkmalen wie Wertschöpfung, Einkommen, Infrastrukturausstattung, Arbeitslosigkeit, Verdichtungsgrad, Zentralität, ländliche bzw. industrielle Struktur und schließlich und nicht zuletzt nach Verwaltungsgrenzen erfolgt. Es leuchtet ein, daß die von Natur vorgegebenen hydrologischen Regionen nur zufällig mit den von Menschen geschaffenen wirtschaftlichen und Verwaltungsregionen zusammenfallen werden.

In diesem Zusammenhang ist hervorzuheben, daß das Wasserhaushaltsgesetz den wirtschaftlichen Bezug und Zweck der Regionsbildung deutlich herausstellt. So sollen die wasserwirtschaftlichen Rahmenpläne "für Flußgebiete oder Wirtschaftsräume oder für Teile von solchen" aufgestellt werden (§ 36 Abs. 1 WHG). Weiter soll der "nutzbare Wasserschatz" berücksichtigt werden, und die "wasserwirtschaftliche Rahmenplanung und die Erfordernisse der Raumordnung sind miteinander in Einklang zu bringen" (§ 36 Abs. 2 WHG). Ähnlich sollen die Bewirtschaftungspläne der "Bewirtschaftung der Gewässer" dienen und "den Nutzungserfordernissen Rechnung tragen" (§ 36b Abs. 1 WHG). Auch für diese Pläne sind die Ziele der Raumordnung und Landesplanung zu beachten (§ 36 b Abs. 1 WHG). Offensichtlich erklärt die erkannte Notwendigkeit der gemeinsamen Probleme von Wasserwirtschaftsregionen und räumlichen Planungsregionen auch die Entstehung und Erstellung einiger wasserwirtschaftlicher Sonderpläne, wie z.B. für Hessen, Schleswig-Holstein (Generalplan Wassergewinnung und Wasserversorgung) oder Niedersachsen (wasserwirtschaftlicher Generalplan).

Obwohl also auch von seiten der Wasserwirtschaft ihr letztlich wirtschaftlicher Zweck gesehen wird, wird eine Regionalisierung gemäß dem Wasserhaushaltsgesetz losgelöst von dieser Zielsetzung durchgeführt. Das erscheint für die Ermittlung hydrologischer Daten zur Bestimmung der verfügbaren Wassermengen und für Zwecke des Gewässerschutzes aufgrund der Fließzusammenhänge des Wassers in gewisser Weise auch sinnvoll, nicht aber für die Zwecke der Regionalpolitik und der Raumordnungspolitik.

Der Vorschlag von seiten der Wasserwirtschaft, die Regionen nur genügend groß zu schneiden, um Wasserüberschuß- und Wassermangelgebiete großräumig zum Ausgleich zusammenzuschließen[29], wird den regionalpolitischen und raumordnungspolitischen wirtschaftlichen Problemen nicht gerecht, weil diese andere Regionszuschnitte erfordern. Eine großräumige Fernwasserversorgung "löst" Wachstumsengpässe einseitig zugunsten bestimmter Gebiete, ohne dabei die Gesamtproblematik aller beteiligten Regionen im Auge zu haben. Unter ökonomischen Aspekten bedarf es einer Nutzen-Kosten-Rechnung, um entscheiden zu können, welche Regionen Wasser an welche Regionen liefern sollten und welche Gegenleistungen dafür eventuell ökonomisch berechtigt erscheinen[30].

Denkbar ist es, das Wasserdargebot der hydrologischen Regionen aufgrund von Abflüssen je Flächeneinheit auf die wirtschaftlichen und Verwaltungsregionen umzurechnen und so jeder Region "ihren" Wassermengenteil zuzurechnen[31]. Damit läßt sich feststellen, in welchem Umfang die Ressource Wasser einer Region "gehört" und welche Mengen ggf. aus anderen Regionen bezogen werden müssen. Zwar werden solche Berechnungen immer mit mehr oder weniger großen Ungenauigkeiten behaftet sein. Sie dürften aber ausreichen, um eine ökonomisch begründetere Verteilung der Vorteile aus dem Wasserschatz vornehmen zu können als nach dem bisherigen System.

Der Schutz der Gewässer vor Verschmutzung muß allerdings wegen der Fließzusammenhänge auf hydrologische Regionen, also Wassereinzugsgebiete bezogen sein. Mögliche Belastungen, die von den Regionen ausgehen können, müssen deshalb regionsübergreifend auf hydrologische Regionen bezogen werden. Das erfordert besondere interregionale Abstimmungen.

Literatur

Bergmann, E., Kortenkamp, L.: Ansatzpunkte zur Verbesserung der Allokation knapper Grundwasserressourcen, Opladen 1988.

Brösse, U.: Der Wasserzins als Instrument der Raumordnungspolitik und der Umweltpolitik, Akademie für Raumforschung und Landesplanung (Hrsg.), Beiträge Bd. 102, Hannover 1987.

Brösse, U.: Die Begrenzung des regionalen Entwicklungspotentials durch die natürliche Ressource Wasser, in: Gleichwertige Lebensbedingungen durch eine Raumordnungspolitik des mittleren Weges, Akademie für Raumforschung und Landesplanung (Hrsg.), Forschungs- und Sitzungsberichte Bd. 140, Hannover 1983, S. 145-194.

Brösse, U.: Die ökonomische Bewertung von Vorranggebieten der Wasserversorgung und interregionale Transferzahlungen, in: Funktionsräumliche Arbeitsteilung und ausgeglichene Funktionsräume in Nordrhein-Westfalen, Akademie für Raumforschung und Landesplanung (Hrsg.), Forschungs- und Sitzungsberichte Bd. 163, Hannover 1985, S. 173-192.

Brösse, U.: Ein Markt für Trinkwasser, in: Zeitschrift für Umweltpolitik, 3/1980, S. 737-755.

Brösse, U.: Probleme der Wasserversorgung und Wassersicherung aus wasserwirtschaftlicher und umweltpolitischer Sicht, in: Akademie für Raumforschung und Landesplanung (Hrsg.), Arbeitsmaterial Nr. 63, Hannover 1983, S. 85-121.

Brösse, U.: Überlegungen zum Instrumentarium für die Durchsetzung einer funktionsräumlichen Arbeitsteilung unter ökonomischen Aspekten, in: Funktionsräumliche Arbeitsteilung Teil III: Konzeption und Instrumente, Akademie für Raumforschung und Landesplanung (Hrsg.), Forschungs- und Sitzungsberichte Bd. 167, Hannover 1986, S. 143-162.

Budde, B., Nolte, J.: Raumentwicklung und Wasserversorgung des Ruhrgebietes 1954-1980, Opladen 1983.

Bundesforschungsanstalt für Landeskunde und Raumordnung (Hrsg.): Informationen zur Raumentwicklung, Themenheft "Raumordnung und Wasservorsorge", Heft 2-3, 1983.

Bundesminister für Raumordnung, Bauwesen und Städtebau (Hrsg.): Landschaftsökologische Bewertung von Grundwasservorkommen als Entscheidungshilfe für die Raumplanung, Nr. 06.059, Bonn 1986.

Bundesminister für Raumordnung, Bauwesen und Städtebau (Hrsg.): Grundwassermodelle als Entscheidungshilfe für die Raumplanung - Anwendbarkeit für die landschaftsökologische Bewertung von Entnahmekonzepten, Nr. 06.063, Bonn 1987.

Bundesminister für Raumordnung, Bauwesen und Städtebau (Hrsg.): Handlungsspielräume zur besseren Nutzung lokaler und regionaler Wasservorkommen, Nr. 06.060, Bonn 1987.

Deutscher Verband für Wasserwirtschaft und Kulturbau (Hrsg.): Großräumige wasserwirtschaftliche Planung in der Bundesrepublik Deutschland, Hamburg/Berlin 1984.

Ewringmann, D., Schafhausen, F.: Abgaben als ökonomischer Hebel in der Umweltpolitik, Umweltbundesamt (Hrsg.), Berichte 8/85, Berlin 1985.

Gesetz zur Änderung des Wassergesetzes für Baden-Württemberg (Entgelt für Wasserentnahmen) vom 27.7.1987, Gesetzblatt 1987, Nr. 10, S. 223.

Gesetzentwurf der Landesregierung Baden-Württemberg zum Gesetz zur Änderung des Wassergesetzes, Landtagsdrucksache 9/4237 vom 18.3.1987.

Hansmeyer, K.-H., Ewringmann, D.: Der Wasserpfennig. Finanzwissenschaftliche Anmerkungen zum Baden-Württembergischen Regierungsentwurf, Berlin 1987.

Holzl, Ph.: Strukturfragen in der Wasserwirtschaft und ihr Bezug zur Raumordnung, in: gwf Wasser/Abwasser 116(1975), S. 166.

Jacobitz, K.: Die Integration siedlungswasserwirtschaftlicher Planung in die Landes- und Regionalplanung, in: Akademie für Raumforschung und Landesplanung (Hrsg.), Räumliche Planung und Fachplanung, Arbeitsmaterial Nr. 65, Hannover 1983, S. 51-72.

Kabelitz, K.R.: Eigentumsrechte und Nutzungslizenzen als Instrumente einer ökonomisch rationalen Umweltpolitik, ifo-Studien zur Umweltökonomie 5, München 1984.

Karl, H.: Exklusive Nutzungs- und Verfügungsrechte an Umweltgütern als Instrument für eine umweltschonende Landwirtschaft, Eine Darstellung unter besonderer Berücksichtigung des Grundwasserschutzes, Bochum 1986.

Lahl, U., Zeschmar, B.: Wie krank ist unser Wasser?, 3. Aufl., Freiburg/Br. 1982.

Lühr, H.-P.: Die Wasserwirtschaft der 80er Jahre in der Bundesrepublik Deutschland, in: Bundesminister des Innern (Hrsg.), Umwelt, 1981, S. 227f.

Rohde, E., Schulz, W.: Simulation der wasserwirtschaftlichen Planung, Opladen 1980.

Schreiber, P., Billib, H., Günther, W.: Untersuchungen zu wasserwirtschaftlichen Grundlagen eines Wasserverbundes in der Bundesrepublik Deutschland, Akademie für Raumforschung und Landesplanung (Hrsg.), Beiträge Bd. 36, Hannover 1980.

Anmerkungen

1) Vgl. solche mittelbaren Bezüge zur Raumordnung: Schriftenreihe des Bundesministers für Raumordnung, Bauwesen und Städtebau, Landschaftsökologische Bewertung von Grundwasservorkommen als Entscheidungshilfe für die Raumplanung, Nr. 06.059, Bonn 1986; ders., Grundwassermodelle als Entscheidungshilfe für die Raumplanung - Anwendbarkeit für die landschaftsökologische Bewertung von Entnahmekonzepten, Nr. 06.063, Bonn 1987.

2) Vgl. hierzu das Themenheft "Raumordnung und Wasservorsorge" der Informationen zur Raumentwicklung, Heft 2-3, 1983.

3) Vgl. Schriftenreihe des Bundesministers für Raumordnung, Bauwesen und Städtebau, Handlungsspielräume zur besseren Nutzung lokaler und regionaler Wasservorkommen, Nr. 06.060, Bonn 1987.

4) Vgl. hierzu die "historische" Analyse von Budde, B. und Nolte, J., Raumentwicklung und Wasserversorgung des Ruhrgebietes 1954-1980, Opladen 1983.

5) Vgl. hierzu Deutscher Verband für Wasserwirtschaft und Kulturbau (Hrsg.), Großräumige wasserwirtschaftliche Planung in der Bundesrepublik Deutschland, Hamburg/Berlin 1984.

6) Vgl. Rohde, E. und Schulz, W., Simulation der wasserwirtschaftlichen Planung, Opladen 1980, S. 4.

7) Vgl. Lahl, U. und Zeschmar, B., Wie krank ist unser Wasser?, 3. Aufl., Freiburg/Br. 1982, S. 111; Lühr, H.-P., Die Wasserwirtschaft der 80er Jahre in der Bundesrepublik Deutschland, in: Umwelt, 1981, S. 227f.

8) Vgl. Bergmann, E. und Kortenkamp, L., Ansatzpunkte zur Verbesserung der Allokation knapper Grundwasserressourcen, Opladen 1988, S. 212ff.

9) Ebd., S. 220.

10) Vgl. hierzu auch Brösse, U., Überlegungen zum Instrumentarium für die Durchsetzung einer funktionsräumlichen Arbeitsteilung unter ökonomischen Aspekten, in: Funktionsräumliche Arbeitsteilung Teil III: Konzeption und Instrumente, Hannover 1986, S. 143ff.

11) Vgl. auch Jacobitz, K., Die Integration siedlungswasserwirtschaftlicher Planung in die Landes- und Regionalplanung, in: Akademie für Raumforschung und Landesplanung (Hrsg.), Räumliche Planung und Fachplanung, Arbeitsmaterial Nr. 65, Hannover 1983.

12) Eine Ausnahme macht die Abwasserabgabe nach dem Abwasserabgabengesetz.

13) Vgl. hierzu näher Brösse, U., Probleme der Wasserversorgung und Wassersicherung aus wasserwirtschaftlicher und umweltpolitischer Sicht, in: Akademie für Raumforschung und Landesplanung (Hrsg.), Arbeitsmaterial Nr. 63, Hannover 1983, S. 115f.

14) Vgl. hierzu näher Ewringmann, D. und Schafhausen, F., Abgaben als ökonomischer Hebel in der Umweltpolitik, Umweltbundesamt (Hrsg.), Berichte 8/85, Berlin 1985.

15) Vgl. hierzu näher Kabelitz, K.R., Eigentumsrechte und Nutzungslizenzen als Instrumente einer ökonomisch rationalen Umweltpolitik, ifo-Studien zur Umweltökonomie 5, München 1984.

16) Vgl. zu dieser Rentenproblematik Brösse, U., Der Wasserzins als Instrument der Raumordnungspolitik und der Umweltpolitik, Hannover 1987, Seite 22ff.

17) Vgl. hierzu Brösse, U., Ein Markt für Trinkwasser, in: Zeitschrift für Umweltpolitik, 3/1980, S. 737ff.

18) Vgl. hierzu Brösse, U., Der Wasserzins als Instrument der Raumordnungspolitik und der Umweltpolitik, Hannover 1987.

19) Vgl. ebd., S. 54ff.

20) Vgl. ebd., S. 59ff.

21) Vgl. Karl, H., Exklusive Nutzungs- und Verfügungsrechte an Umweltgütern als Instrument für eine umweltschonende Landwirtschaft, Eine Darstellung unter besonderer Berücksichtigung des Grundwasserschutzes, Bochum 1986.

22) Vgl. ebd., S. 148f.

23) § 17 a Gesetz zur Änderung des Wassergesetzes für Baden-Württemberg (Entgelt für Wasserentnahmen) vom 27.7.1987, Gesetzblatt 1987, Nr. 10, S. 223.

24) Gesetzentwurf der Landesregierung Baden-Württemberg zum Gesetz zur Änderung des Wassergesetzes, Landtagsdrucksache 9/4237 vom 18.3.1987, Begründung, AI. Zielsetzung des Gesetzentwurfs.

25) Diese ist groß; denn der Wasserpfennig verteuert zwar eine bislang zum Nulltarif genutzte Ressource und regt so die Wassernutzer (wahrscheinlich) zu einem sparsameren Verbrauch an. Aber der Schutz der Gewässer vor Verschmutzung wird nicht erreicht, weil weiterhin private Wirtschaftssubjekte und die Gemeinden aus dem Entgelt unmittelbar keine wirtschaftlichen Vorteile ziehen können und sich deshalb als Interessierte und "Lobby" für den Schutz "ihrer" Gewässer auch nicht stark machen werden.

26) Vgl. Hansmeyer, K.-H. und Ewringmann, D., Der Wasserpfennig, Finanzwissenschaftliche Anmerkungen zum Baden-Württembergischen Regierungsentwurf, Berlin 1987, S. 61ff.

27) Vgl. z.B. Bergmann, E. und Kortenkamp, L., Ansatzpunkte zur Verbesserung der Allokation knapper Grundwasserressourcen, Opladen 1988, Seite 220ff; Schriftenreihe des Bundesministers für Raumordnung, Bauwesen und Städtebau, Handlungsspielräume zur besseren Nutzung lokaler und regionaler Wasservorkommen, Nr. 06.060, Seite 67f. und 92ff.

28) Vgl. z.B. Schreiber, P., Billib, H., Günther, W., Untersuchungen zu wasserwirtschaftlichen Grundlagen eines Wasserverbundes in der Bundesrepublik Deutschland, hrsg. von der Akademie für Raumforschung und Landesplanung, Hannover 1980; Schriftenreihe des Bundesministers für Raumordnung, Bauwesen und Städtebau, Handlungsspielräume zur besseren Nutzung lokaler und regionaler Wasservorkommen, Nr. 06.060, 1987, Seite 69f. und 96ff.

29) Vgl. Holzl, Ph., Strukturfragen in der Wasserwirtschaft und ihr Bezug zur Raumordnung, in: gwf Wasser/Abwasser 116(1975), S. 166.

30) Vgl. hierzu näher Brösse, U., Die ökonomische Bewertung von Vorranggebieten der Wasserversorgung und interregionale Transferzahlungen, in: Funktionsräumliche Arbeitsteilung und ausgeglichene Funktionsräume in Nordrhein-Westfalen, Hannover 1985, S. 173ff.

31) Vgl. eine solche Berechnung bei Brösse, U., Die Begrenzung des regionalen Entwicklungspotentials durch die natürliche Ressource Wasser, in: Gleichwertige Lebensbedingungen durch eine Raumordnungspolitik des mittleren Weges, Hannover 1983, S. 145ff.

FORSCHUNGS- UND SITZUNGSBERICHTE
DER AKADEMIE FÜR RAUMFORSCHUNG UND LANDESPLANUNG

Band 165

WECHSELSEITIGE BEEINFLUSSUNG VON UMWELTVORSORGE UND RAUMORDNUNG

Aus dem Inhalt

1. Grundlagen

Hübler "Wechselwirkungen zwischen Raumordnung und Umweltpolitik"

2. Umweltschutz und Umweltpolitik

Uppenbrink/Knauer "Funktion, Möglichkeiten und Grenzen von Umweltqualitäten und Eckwerten aus der Sicht des Umweltschutzes"

Kloke "Umweltstandards - Material für Raumordnung und Landesplanung"

Finke "Flächenansprüche aus ökologischer Sicht"

Koschwitz/Hahn-Herse/Wahl "Ökologische Vorgaben für raumbezogene Planungen - Konzept für eine Ermittlung naturraumbezogener ökologischer Entscheidungsgrundlagen und ihre Anwendung in der Planungspraxis von Rheinland-Pfalz"

Schmidt/Rembierz "Überlegungen zu ökologischen Eckwerten und ökologisch orientierten räumlichen Leitzielen der Landes- und Regionalplanung"

Reichholf "Indikatoren für Biotopqualitäten, notwendige Mindestflächengrößen und Vernetzungsdistanzen"

3. Schwerpunkte laufender Raumbeobachtung

mit Beiträgen von Kampe, Michel und Bergwelt

4. Zusammenwirken von Umweltschutz und Raumordnung

Fischer "Von der Baunutzungsverordnung zu einer Bodennutzungsverordnung; Argumente und Vorschläge für einen wirkungsvolleren Bodenschutz"

Marx "Normative Bemerkungen zum Zusammenwirken von Umweltschutz und Raumordnung/Landesplanung auf der Ebene eines Raumordnungsverfahrens (ROV)"

Der Band umfaßt 502 Seiten; Format DIN B5; 1987; Preis 68,-- DM
ISBN 88838-754-x

Auslieferung

VSB-VERLAGSSERVICE BRAUNSCHWEIG

FORSCHUNGS- UND SITZUNGSBERICHTE
DER AKADEMIE FÜR RAUMFORSCHUNG UND LANDESPLANUNG

Band 173

FLÄCHENHAUSHALTSPOLITIK - EIN BEITRAG ZUM BODENSCHUTZ

Aus dem Inhalt

I. Flächeninanspruchnahme und Flächennutzungskonflikte

Klaus Borchard	Tendenzen der Flächeninanspruchnahme und Möglichkeiten der Beeinflussung auf der Ebene der kommunalen und regionalen Planung
Werner Schramm	Wohnsiedlungsentwicklung und Bodennutzung
Rainald Enßlin	Flächenbedarf für technische Infrastruktureinrichtungen
Lorenz Rautenstrauch	Grünflächen für Freizeitzwecke als Problem der Regional- und Flächennutzungsplanung
Hartwig Spitzer	Landwirtschaftliche Flächennutzung unter dem Aspekt der Flächenhaushaltspolitik
Bernd Streich	Der Einfluß neuer Technologien auf Flächenbedarf und Flächeninanspruchnahme
Hartwig Spitzer	Überlagerungen von Freiflächennutzungen

II. Flächenpotentiale und Flächenbedarf – Methoden der Erfassung und Bewertung

Lothar Finke	Ökologische Potentiale als Element einer Flächenhaushaltspolitik
Hans Kistenmacher/ Dieter Eberle/ Manfred Busch	Methodischer Aufbau und planungspraktische Leistungsfähigkeit von Eignungsbewertungsmodellen für Wohnbauflächenausweisungen
Jochen Heil	Bewertung des örtlichen Wohnbauflächenpotentials unter Aspekten von Innenentwicklung und Verminderung der Flächeninanspruchnahme
Rolf Gruber	Ermittlung des Bedarfs an Industrie- und Gewerbeflächen
Dietmar Scholich/ Gerd Turowski	Flächenkataster und Flächenbilanzen für eine wirksame Flächenhaushaltspolitik

III. Verminderung der Flächeninanspruchnahme – Maßnahmen und Instrumente

Helmut Güttler	Bodenpolitische und bodenrechtliche Instrumente zur Begrenzung der Flächeninanspruchnahme
Folkwin Wolf	Instrumente und Entscheidungsprozesse einer zielbezogenen Siedlungsflächenpolitik
Gerd Turowski	Konsequenzen des Flächenverbrauchs für Gesetzgebung, Administration und Politik

Der Band umfaßt 410 Seiten; Format DIN B5; 1987; Preis 68,-- DM
ISBN 3-88838-755-8

Auslieferung

VSB-VERLAGSSERVICE BRAUNSCHWEIG

Veröffentlichungen der Akademie für Raumforschung und Landesplanung

Forschungs- und Sitzungsberichte

Band 139	Räumliche Planung in der Bewährung (19. Wissenschaftliche Plenarsitzung 1980), 1982, DIN B 5, 170 S.	42,– DM
Band 140	Gleichwertige Lebensbedingungen durch eine Raumordnungspolitik des mittleren Weges – Indikatoren, Potentiale, Instrumente, 1982, DIN B 5, 297 S.	69,– DM
Band 141	Schutzbereiche und Schutzabstände in der Raumordnung, 1982, DIN B 5, 142 S.	42,– DM
Band 142	Städtetourismus – Analysen und Fallstudien aus Hessen, Rheinland-Pfalz und Saarland, 1982, DIN B 5, 229 S.	56,– DM
Band 143	Qualität von Arbeitsmärkten und regionale Entwicklung, 1982, DIN B 5, 205 S.	52,– DM
Band 144	Regionale Aspekte der Bevölkerungsentwicklung unter den Bedingungen des Geburtenrückganges, 1982, DIN B 5, 295 S.	69,– DM
Band 145	Verwirklichung der Raumordnung, 1982, DIN B 5, 268 S.	55,– DM
Band 146	Wohnungspolitik und regionale Siedlungsentwicklung, 1982, DIN B 5, 310 S.	71,– DM
Band 147	Wirkungen der europäischen Verflechtung auf die Raumstruktur in der Bundesrepublik Deutschland (20. Wissenschaftliche Plenarsitzung 1981), 1983, DIN B 5, 98 S.	38,– DM
Band 148	Beiträge zur Raumplanung in Hessen/Rheinland-Pfalz/Saarland, 4. Teil, 1983, DIN B 5, 99 S.	25,– DM
Band 149	Probleme räumlicher Planung und Entwicklung in den Grenzräumen an der deutsch-französisch-luxemburgischen Staatsgrenze, 1983, DIN B 5, 224 S.	78,– DM
Band 150	Regional differenzierte Schulplanung unter veränderten Verhältnissen – Probleme der Erhaltung und strukturellen Weiterentwicklung allgemeiner und beruflicher Bildungseinrichtungen, 1984, DIN B 5, 298 S.	59,– DM
Band 151	Regionale Hochschulplanung unter veränderten Verhältnissen, 1984, DIN B 5, 158 S.	46,– DM
Band 152	Landesplanung und Städtebau in den 80er Jahren – Aufgabenwandel und Wechselbeziehungen (21. Wissenschaftliche Plenarsitzung 1982), 1983, DIN B 5, 82 S.	25,– DM
Band 153	Funktionsräumliche Arbeitsteilung – Teil II: Ausgewählte Vorrangfunktionen in der Bundesrepublik Deutschland, 1984, DIN B 5, 302 S.	69,– DM
Band 154	Wirkungsanalysen und Erfolgskontrolle in der Raumordnung, 1984, DIN B 5, 318 S.	76,– DM
Band 155	Ansätze zu einer europäischen Raumordnung, 1985, DIN B 5, 401 S.	79,– DM
Band 156	Der ländliche Raum in Bayern – Fallstudien zur Entwicklung unter veränderten Rahmenbedingungen, 1984, DIN B 5, 354 S.	62,– DM
Band 157	Agglomerationsräume in der Bundesrepublik Deutschland – Ein Modell zur Abgrenzung und Gliederung –, 1984, DIN B 5, 137 S.	58,– DM
Band 158	Umweltvorsorge durch Raumordnung (22. Wissenschaftliche Plenarsitzung 1983), 1984, DIN B 5, 66 S.	44,– DM
Band 159	Räumliche Aspekte des kommunalen Finanzausgleichs, 1985, DIN B 5, 406 S.	84,– DM
Band 160	Sicherung oberflächennaher Rohstoffe als Aufgabe der Landesplanung, 1985, DIN B 5, 227 S.	79,– DM
Band 161	Entwicklungsprobleme großer Zentren (23. Wissenschaftliche Plenarsitzung 1984), 1985, DIN B 5, 70 S.	28,– DM
Band 162	Probleme der räumlichen Energieversorgung, 1986, DIN B 5, 195 S.	29,– DM
Band 163	Funktionsräumliche Arbeitsteilung und Ausgeglichene Funktionsräume in Nordrhein-Westfalen, 1985 DIN B 5, 192 S.	57,– DM
Band 164	Gestaltung künftiger Raumstrukturen durch veränderte Verkehrskonzepte (24. Wissenschaftliche Plenarsitzung 1985), 1986, DIN B 5, 173 S.	26,– DM
Band 165	Wechselseitige Beeinflussung von Umweltvorsorge und Raumordnung, 1987, DIN B 5, 502 S.	68,– DM
Band 166	Umweltverträglichkeitsprüfung im Raumordnungsverfahren nach Europäischem Gemeinschaftsrecht, 1986, DIN B 5, 135 S.	24,– DM
Band 167	Funktionsräumliche Arbeitsteilung — Teil III: Konzeption und Instrumente, 1986, DIN B 5, 255 S.	38,– DM
Band 168	Analyse regionaler Arbeitsmarktprobleme, 1988, DIN B 5, 301 S.	59,– DM
Band 169	Räumliche Wirkungen der Telematik, 1987, DIN B 5, 519 S.	75,– DM
Band 170	Technikentwicklung und Raumstruktur — Perspektiven für die Entwicklung der wirtschaftlichen und räumlichen Struktur der Bundesrepublik Deutschland (25. Wissenschaftliche Plenarsitzung 1986), DIN B 5, 228 S.	49,– DM
Band 171	Behördliche Raumorganisation seit 1800, 1988, DIN B 5, 170 S.	45,– DM
Band 172	Fremdenverkehr und Regionalpolitik, 1988, DIN B 5, 275 S.	89,– DM
Band 173	Flächenhaushaltspolitik — Ein Beitrag zum Bodenschutz, 1987, DIN B 5, 410 S.	68,– DM
Band 174	Städtebau und Landesplanung im Wandel (26. Wissenschaftliche Plenarsitzung 1987), 1988, DIN B 5, 262 S.	38,– DM
Band 175	Regionalprognosen — Methoden und ihre Anwendung. 1988, DIN B 5, 466 S.	69,– DM
Band 176	Räumliche Auswirkungen der Waldschäden — dargestellt am Beispiel der Region Südlicher Oberrhein. 1988, DIN B 5, 111 S.	39,– DM
Band 177	Räumliche Auswirkungen neuerer agrarwirtschaftlicher Entwicklungen, 1988, DIN B 5, 172 S.	42,– DM
Band 178	Politikansätze zu regionalen Arbeitsmarktproblemen, 1988, DIN B 5, 247 S.	45,– DM
Band 179	Umweltgüte und Raumentwicklung. 1988, DIN B 5, 178 S.	38,– DM